海洋 探索未知事物
引领孩子走进海洋世界
EXPLORATION

QI'E TANMI

企鹅探秘

陶红亮　主编

海洋出版社

2025 年·北京

图书在版编目（CIP）数据

企鹅探秘 / 陶红亮主编 . -- 北京 ： 海洋出版社，
2025. 1. -- ISBN 978-7-5210-1412-9

Ⅰ. Q959.7-49

中国国家版本馆 CIP 数据核字第 202436DM47 号

海洋探秘

企鹅探秘 QI'E TANMI

总 策 划：刘　斌	发行部：（010）62100090
责任编辑：刘　斌	总编室：（010）62100034
责任印制：安　淼	网　址：www.oceanpress.com.cn
整体设计：童　虎·设计室	承　印：侨友印刷（河北）有限公司
	版　次：2025 年 1 月第 1 版
	2025 年 1 月第 1 次印刷
出版发行：海洋出版社	
	开　本：787mm×1092mm　1/16
地　址：北京市海淀区大慧寺路 8 号	印　张：10
100081	字　数：180 千字
经　销：新华书店	定　价：59.00 元

本书如有印、装质量问题可与发行部调换

海洋探秘

| 顾　问 |

金翔龙　李明杰　陆儒德

| 主　编 |

陶红亮

| 副主编 |

李　伟　赵焕霞

| 编委会 |

赵焕霞　王晓旭　刘超群

杨　媛　宗　梁

| 资深设计 |

秦　颖

| 执行设计 |

秦　颖　孟祥伟

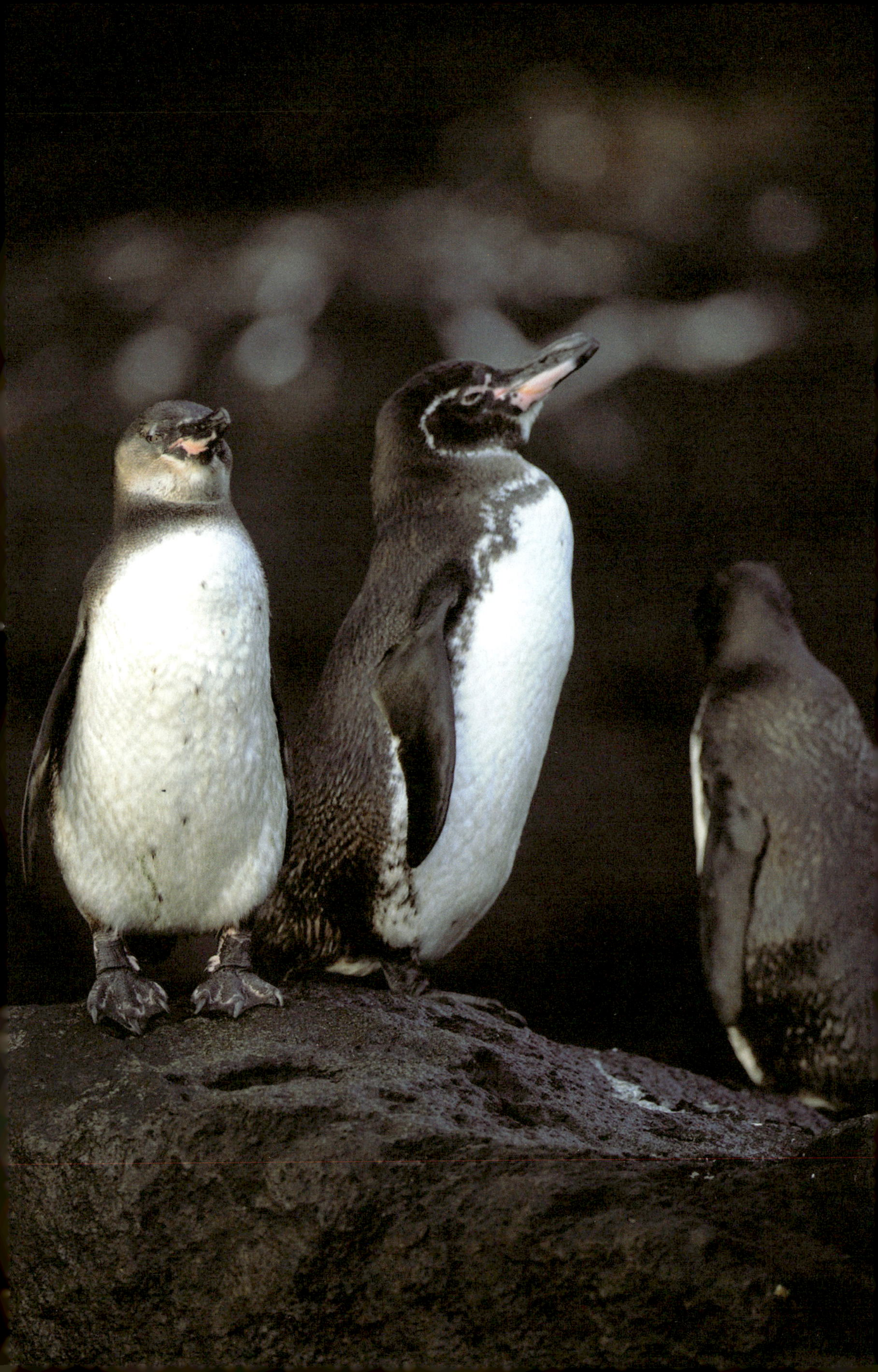

前言

在地球上，海洋总面积为3.6亿平方千米，大约占地球表面积的71%。而那些依靠海洋生活的动物看似距离我们十分遥远，其实是与人类处于同一种适宜生存的环境之下。让青少年认识和保护海洋环境与依赖海洋生存的动物，是尤为必要的。

本书是为青少年精心打造的海洋科普图书。书中图文并茂，语言轻松活泼，浅显易懂，可以让青少年更加直观地感受海洋的魅力，品味大自然的神奇。读完这套书后，青少年不仅会发现每一个物种都是地球生物链中的一环，任何一个物种的缺失都是一种无可挽回的损失，还能学会用艺术的视角看自然，用自然的胸怀看世界。

有"海洋之舟"美称的企鹅是一种古老的游禽，根据地球上的化石残骸考证，它们的历史可以追溯到6500万年前。企鹅憨憨的样子十分可爱，走起路来一摇一摆的，非常讨人喜欢。有人说企鹅是一种鱼，但它却没有鳃，只能靠憋气在水中穿梭；有人说企鹅是一种鸟，但它又不会飞。经过专家们的研究，证实了企鹅确实是鸟类。它是一种会游泳的鸟，虽然走路时会跌跌撞撞的，但一到水中，那短小的翅膀就如同一对强有力的船桨，游动速度高达每小时 25 ～ 30 千米，还能潜入海中 500 多米处，可以称得上游泳健将和潜水高手。

本书是关于企鹅的极简百科全书，共有 6 个章节，汇集了地球上的数种企鹅，通过数百个知识点和高清图片，全面透彻地介绍了每种企鹅的形态特征、习性、栖息地、繁殖地、捕食等。每个章节按照不同的主题组织内容，配有导语、海洋万花筒、奇闻逸事、开动脑筋等栏目，全方位地展现企鹅的魅力，让我们了解关于企鹅的一切，如体型最大的企鹅叫什么？企鹅们为何要长途迁徙？它们又是如何孵化小企鹅的？在孵蛋时，雄、雌性企鹅是怎样分工的？它们是只生活在冰天雪地中吗？等等。

本书非常适合青少年阅读，内容精彩，绘图精美，其对企鹅分门别类地详细介绍，既能让青少年获得关于企鹅的科普知识，还能得到美的享受。阅读本书，犹如为青少年打开了一扇企鹅的知识之窗。

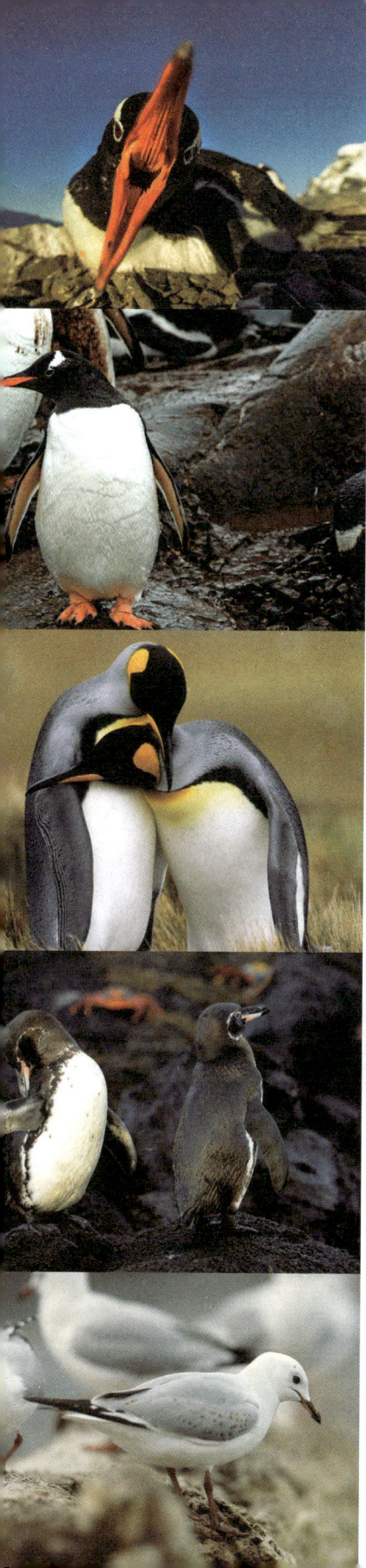

目录
CONTENTS

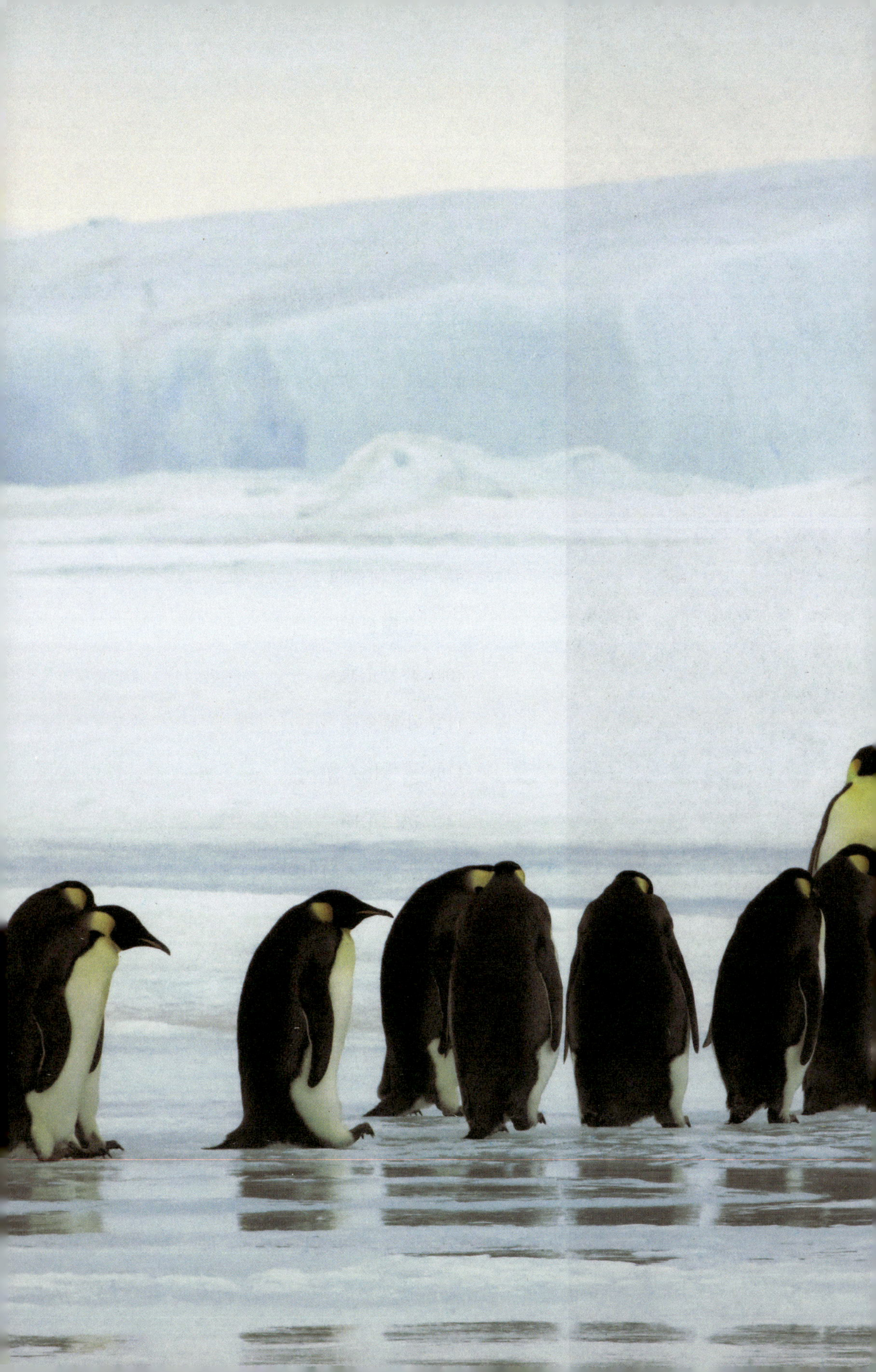

Part 1
不可思议的企鹅

企鹅是一种鸟，不会飞翔，却会游泳，这一切看起来是那么的不可思议。它们大部分在南极生活，也有的在接近赤道的温暖海域繁衍生息。它们可爱的身影吸引了无数人的目光……

企鹅是 "极地绅士"

　　大部分企鹅在许多年前就 "定居" 在南极，企鹅的脚生长在身体的最底部，短而平，并且无法大幅度弯曲，呈直立的状态，它们的趾间有蹼，突出的龙骨让它们的鳍翅可以很有力地划水。企鹅的背部是黑色的，腹部是白色的，它们走起路来一摇一摆，看上去呆萌可爱。

企鹅是鸟

　　有人说企鹅是一种鸟，但它们又不会飞；有人说企鹅是一种鱼，但它们又没有鱼类的特征。企鹅没有鳃，只能靠憋气在水中穿梭。经过专家们的研究论证，证实了企鹅确实是鸟类，它们虽然不会飞，却有自己的专属 "档案"。它们是一种会游泳的鸟儿。

在南极生活

在遥远的南极栖息着许许多多的企鹅，那里人迹罕至，气候寒冷，但是企鹅却喜欢在那里生活，如在冰架和海冰上栖息；阿德利企鹅和金图企鹅既可以在海冰上生活，也可以在无冰区的露岩上生活。还有一些企鹅居住在亚南极区域，它们喜欢在无冰区的岩石上栖息，还能用石块筑巢居住。

🌀 海洋万花筒

有些企鹅竟然怕冷，你觉得奇怪吗？其实并不是所有的企鹅都生活在南极，还有一些企鹅生活在温暖的海域，如巴布亚企鹅一般在5℃的气温下生活，非洲企鹅也适应了开普敦附近的温暖天气，加拉帕戈斯企鹅更是生活在赤道附近，当地的气温高达40℃，海水表面的温度也可达到14～29℃。

肥胖的鸟儿

　　早在 1488 年，企鹅就被葡萄牙的水手发现了。水手们在靠近非洲南部的好望角发现了一种肥胖的鸟儿，但是却并不认识这种鸟。于是就把它们称为不认识的鹅，也有人叫它们肥胖的鸟儿。最早对企鹅加以记载的是历史学家皮加菲塔，他在 1520 年跟随麦哲伦的环球航行船队在巴塔哥尼亚海岸遇到大群企鹅，于是把这群肥胖的鸟儿记录下来。后来人们就以皮加菲塔名字的近似音"Penguin"来称呼企鹅。企鹅的汉语名字则是来自它的姿态，企鹅在陆地上像人一样站立，当它伫立在海边或雪地上时，总像是昂首远望企盼着什么，所以得名"企鹅"。

喜欢冒险

　　在企鹅家族中有一些喜欢冒险的家伙，它们在寒冷的南极生活久了，就想去看看外面的世界。这些具有"冒险精神"的企鹅来到了温暖的海域，如麦哲伦企鹅与非洲企鹅，它们生活的范围更接近赤道，这里的气温比较高。在南美洲、非洲开普敦、澳大利亚和新西兰等地，人们也发现了企鹅的身影。

企鹅的由来

　　企鹅的由来是一个谜，有人认为它们早在 6500 万年前就已经出现了。1887 年，科学家孟兹比尔提出一个理论，他认为企鹅是从爬行动物演变而来的，与其他鸟类并不相同。后来，有科学家在南极发现了一种类似企鹅的动物化石，这种动物具有两栖动物的特征。这无形中印证了孟兹比尔关于企鹅由来的理论。

🔶 海洋万花筒

　　有一种传说，在以前，一群不知名的会飞行的生物在天空中飞行，它们想要寻找一个世外桃源。这群会飞的生物飞呀飞，最后来到了当时还是四季如春的南极大陆，于是决定留下来，在这里安居乐业。但是好景不长，随着地球气候的不断变化，天气越来越冷了，最终南极大陆变成了极寒之地，这些生物也就慢慢地演变成了企鹅。

开动脑筋

企鹅家族有不同的种类，你能说出它们的名字吗？

巨型企鹅化石

在秘鲁南部的海岸，科学家们发现了一种高达 1.5 米的企鹅的化石残骸。这种企鹅生活在距今大约 3600 万年前，如今已经看不到它们的身影了。

让科学家感到惊讶的是——巨型企鹅的喙长达 18 厘米，比它们的头骨还要长出两倍多。除了巨型企鹅之外，古生物学家还发现了一种生活在约 4200 万年前已灭绝的热带企鹅，它们也生活在秘鲁南部的海岸，这种企鹅是已知的最古老的企鹅之一。

海洋万花筒

企鹅是一种最古老的游禽，共有 17 个种群，早在几千万年前，它们就已经在南极安家落户。体型最大的企鹅是身高 1.2 米左右的帝企鹅，体型最小的企鹅是小蓝企鹅，它的身高只有约 40 厘米，重约 1 千克。企鹅可以在水底"飞行"。它们全身的羽毛已变成重叠、密接的鳞片状，这样特殊的羽毛既能防水，又能保温。

气候变化的影响

　　地球气候的变化对海洋生物影响很大，如冰川融化、海水温度升高、海洋酸化等，都会影响那些在海洋里生活的动物。当然，这些变化也会导致企鹅数量减少。如气候变暖以后，南极磷虾减少了，海洋生物链就会发生变化，企鹅的食物也减少了，这会影响企鹅的生存和繁殖。

生存环境堪忧

　　洪堡企鹅生活在秘鲁和智利的海岸线附近，而经过这里的洪堡寒流会为这些洪堡企鹅带来丰富的食物。但是随着人类的到来，导致洪堡企鹅的繁殖地被破坏，影响了繁殖，因此，洪堡企鹅的数量急剧下降。为了生存，洪堡企鹅只好与其他的动物共享同一片区域。

大海里的企鹅

企鹅喜欢在海里活动，它们虽然没有鳃，但是它们憋气一次最长可以达到 18 分钟。企鹅的两只小"胖手"在陆地上显得很笨拙，但是一跳进海水中，那就是两只旋转的"风火轮"，游速可以达到每小时 25 ～ 30 千米，一天可以游 160 千米。这相当于我们骑着自行车绕标准操场跑 400 圈，这很快吧！

水下的生活

企鹅在水中游动的时候，翅膀就是它们的"加速器"，每扇动一下翅膀，它们就会游出去很远的距离，可以说，企鹅优雅的身形和强有力的翅膀，就是它们成为海中"游泳健将"的保证。它们短而平的脚掌上带有蹼，是用来控制方向的。这些可爱的小家伙们很能憋气，要比人类厉害得多。

"海豚式"跳跃前进

企鹅之所以能在水中游得很快，除了不停地拍打像船桨般的翅膀外，它们还会用"海豚式"的跳跃方式来减少海水对它们的阻力。它们先从水中飞出来，在空中画一道优美的弧线，然后潜入水中，这样的话，它们就可以借助引力和冲击力游得更远。"海豚式"跳跃还能更好地帮助它们逃离危险。

羽毛的作用

企鹅在水中的时候，背部深色的羽毛能够起到保护作用，因为它们背部的颜色正好和深海底部的水的颜色混为一团，这样，它们就能躲过猎杀者的追踪。从水下看企鹅白色的肚皮，正好会因为角度的问题和天空的亮色混淆在一起，猎杀者很难发现它们。这为它们脱离危险提供了帮助。

主要的食物

企鹅的主要食物是南极磷虾，还有一些鱼类和乌贼等。南极磷虾是一种生活在南大洋深处的生物，它们的形状和对虾的形状相似，胸部以上被胸甲紧紧地包裹，像古代将士的盔甲。南极磷虾并不是虾，南极磷虾的头部有两对威武漂亮的触角鞭。之所以被称为磷虾，是因为它的身体可以发出冷蓝色的磷光。

独特的尖嘴

企鹅有尖尖的嘴，它们属于鸟类，因此没有牙齿，但是它们那尖尖的嘴巴和舌头上的尖刺可以替代牙齿，勾住猎物。对那些生活在海里的软体动物来说，企鹅的尖嘴和舌头上的尖刺都是致命的武器。企鹅就依靠自己独特的武器，捕食各种鱼类和软体动物。

可口的美味

　　企鹅还喜欢捕食各种乌贼，因为有许多种类的乌贼也在沿岸的浅水中活动，它们身上可口的肉是企鹅喜欢的美味。乌贼也是人类餐桌上的美食，它们的肉中含有一种可降低胆固醇的氨基酸。企鹅爱吃的食物还有头尾灯鱼，这种鱼体长仅4～5厘米，体长而侧扁，头短，腹圆，两眼上部和尾部各有一块金黄色斑，在灯光照射下会反射金黄色和红色。

水中的猎食者

　　企鹅在水里捕食的同时，也会遇到那些凶狠的猎食者，它们觊觎企鹅这只"肥鸟"身上的肉，常常躲在一边偷袭企鹅，如象海豹、锯齿海豹、威德尔海豹、南极海狗等。在这些猎食者看来，企鹅又肥又呆，也没有什么攻击力，所以捕食企鹅是一种乐趣。企鹅在这些猎食者的面前只能拼命逃跑，只有逃到了岸上才能躲避它们的捕食。

天空中的敌人

　　企鹅的敌人不仅在水里，天空中也常常会出现一些猎食者，那就是南极贼鸥。企鹅蛋、幼小的企鹅以及其他"老弱病残"的企鹅，都是南极贼鸥下手的对象。南极贼鸥就跟它的名字一样，非常奸猾，总是趁着企鹅没有防备的时候，把小企鹅偷走，企鹅妈妈对此也毫无办法，只能把小企鹅藏在隐蔽处躲避偷袭。

开动脑筋

南极海洋中有一种动物，它本身就有一种很特殊的功能，就是抗冻性，请问这种动物的名字叫什么？（　）

A. 企鹅　　　　　　　B. 海豹

C. 乌贼　　　　　　　D. 南极贼鸥

偷蛋的大鸟

　　南方大海燕的体型比较大，它们的飞行速度也很快。它们喜欢吃企鹅的蛋，常常趁着企鹅妈妈不注意就把企鹅蛋偷走，然后美餐一顿。刚出生的小企鹅也是南方大海燕的捕食对象，它们会把小企鹅弄到天上，然后找一处安全的地方享受美食。由此可见，一只小企鹅从出生到成长，要经历很多危险，它们需要勇敢地面对一切危难才能存活下来。

海洋万花筒

　　王企鹅的产卵期是从11月开始的，在相对温暖的夏天孵化，小企鹅在冬天来到之前就能在海边自由活动。王企鹅每次只能产一枚卵，大小为7×10厘米左右，重300多克，孵化期约为54天。幼鸟孵出来后由父母双方照顾30～40天。

Part 2
企鹅身体的秘密

企鹅的身体里藏着许多秘密，流线型的身体可以让它们在水里快速游动，涂着油脂的羽毛让海水无法浸透。所以，即便企鹅每天都在海里游泳，它们的身体依然是干的，也不会被冰冷的海水冻得发抖。企鹅的嘴巴里还长着有倒钩的舌头，小鱼、小虾别想从它们的嘴里溜走。

企鹅的外貌

　　企鹅的种类有很多，它们的外貌也有很多不同。大多数企鹅的背部为黑色，腹部呈白色，羽毛比较短，脚在身体的最下部，呈站立姿态；企鹅的脚趾间有蹼，前肢呈鳍状，方便它们游泳，但是不能飞翔。

帝企鹅的长嘴巴

　　帝企鹅的嘴巴又长又尖，嘴部有一丝弧度，全黑色的嘴上有一道黄色的线条，脖子下面有一片橙黄色的羽毛，鸟喙的下方为鲜橘色。帝企鹅的长嘴巴特点明显，与阿德利企鹅的嘴完全不同。阿德利企鹅的嘴又小又扁，好像是被一点点磨圆滑的一样，看上去和麻雀的嘴差不多，因此十分容易辨认。

王企鹅的特征

　　王企鹅是南极企鹅中姿势最优雅、性情最温顺、外貌最漂亮的一种企鹅。它们的嘴巴细长，头上、喙、脖子呈鲜艳的橘色，脖子下的橘色羽毛向下和向后延伸的面积较大。前肢发育成为鳍脚，适于划水。有鳞片状的羽毛，羽轴宽而短。上嘴的角质部由数个角质片组成。

相似的容貌

　　帝企鹅与王企鹅的外貌很相似，常常被混为一谈，它们实际上是不同的两类。从企鹅的外貌上看，各种企鹅都很可爱，形态差不多。但事实上，它们之间还是存在着许多差异。帝企鹅与王企鹅都身披黑白分明的大"礼服"，喙部赤橙色，脖子下面有一片橙黄色的羽毛，向下逐渐变淡。但是不同之处在于，帝企鹅的体型比较大，比王企鹅的更大一些，耳部是黄色的。

17

戴"帽子"的企鹅

纹颊企鹅的头部下面有一条黑色的纹带，好像是戴着帽子一样，因此人们又把它们叫作帽带企鹅、警官企鹅等，它们的相貌和阿德利企鹅很相像，唯一不同的就是它们有一条黑色细带围绕在下颚。它们的脚比较瘦、腿比较短，尾巴也很短小，身体却很肥胖，这让它们显得大腹便便，走起路来一摇一摆。

🌸 海洋万花筒

扎沃多夫斯基岛是世界上最大的企鹅栖息地。它是南大西洋上的一座偏远宁静的小岛，同时也是一座活火山。大约有200万只纹颊企鹅在岛上生儿育女。纹颊企鹅会把蛋产在光秃秃的地面上，因为它们可以依靠火山散发的热量达到孵化的要求。这就是纹颊企鹅愿意顶着惊涛骇浪来到这里繁殖的秘密。

像演员的企鹅

金图企鹅又叫白眉企鹅或巴布亚企鹅，它们的喙是橘红色的，头部有一片明显的白色，由头顶一直覆盖到腹部，很像京剧演员的画眉，因此被称为白眉企鹅。金图企鹅生活在南极地区，种群数量有上升的趋势。

🔬 海洋万花筒

企鹅的羽毛是它们生存的保证，特殊的羽毛可以让它们更好地适应环境。企鹅虽然经常在海水中泡着玩耍，但是它们的羽毛却是防水的，不会让其生病，除了防水外，企鹅身上的羽毛还很保温。

戴"眼镜"的企鹅

阿德利企鹅的头部羽毛是黑色的,仿佛戴了一顶黑色头盔,眼部仿佛戴着白色的"眼镜",嘴巴黑色,带点细长的羽毛,小短腿走起路来一摇一摆,脚趾上还有染着黑色的趾甲。阿德利企鹅全身的羽毛由黑、白两色组成,它们的头部、背部、尾部、翼背面、下颌为黑色,其余部分均为白色。游泳技能十分娴熟。

独特的"发型"

马可罗尼企鹅又叫浮华企鹅、长眉企鹅、长冠企鹅或通心粉企鹅。它们的外貌十分容易辨认,在马可罗尼企鹅双眼间有左、右相连的金黄色装饰的羽毛,这种独特的"发型"由两边发角向外呈放射状,赋予了它们与众不同的气质。它们喜欢成群结队地在温暖的水域过冬,到了夏季,又会游到南大洋中,在布满岩砾的小岛上寻找伴侣,生下企鹅宝宝。

"马可罗尼"的传说

　　传说在美国独立战争时期，不少美国的"南方佬"骑驴时喜欢戴一顶小帽子，帽檐上插一支羽毛，被人们称为"马可罗尼"。另一个传说：18世纪，英国的一些时髦人士到意大利旅游，喜欢将头发染成各色条纹，并且在耳朵上沿梳成冠毛的形状。这种流行风潮吹回英国后，被人们称为"马可罗尼"。

🔬 海洋万花筒

　　动物学家经过研究，认为企鹅的近亲应该是信天翁、海燕等，如今这个理论已经被科学证实了。1933年，在阿根廷发现的企鹅化石的许多特征与管鼻类很相似；在繁殖季节的求偶动作上也很相似。此外，二者的雄性上门求亲时，都会使用石头或者其他筑巢材料作为"见面礼"，看来它们都有着相同的"习俗"。

💡 开动脑筋

　　科学家们认为，企鹅的近亲是什么动物？

21

企鹅的身体

企鹅拥有流线型的身材，犹如一颗圆滚滚的"炮弹"，这是为了减少它们在水中的阻力，可以更快地游动。企鹅还有一对看似短小的翅膀，但是这对翅膀不是用来飞翔的，而是游泳时的"助力器"。企鹅小巧可爱的尾巴，既可以在水中帮助它们掌控方向，也可以稳定快速游动状态下的身体。企鹅的尾部还有一个会产生特殊油脂的部位，将分泌的油脂涂在身上，可以更好地防水。

独特的身体结构

由于受到环境的影响，企鹅在漫长的进化过程中，为了适应恶劣的外界条件，身体就逐渐形成了现在的独特结构。企鹅的双脚虽然看起来和其他鸟类的脚差不多，但是它们的骨骼更坚硬，并且比较短而平。这样的特征搭配它们那对如船桨般的短翼，可以让企鹅在水中快速游动。企鹅的双眼还可以在水中以及水面上观察四周。

有倒刺的舌头

企鹅的嘴尖尖的，但是嘴里并没有牙齿，它们捕捉猎物主要依靠尖嘴和生有倒刺的舌头。企鹅的舌头和上颚都长有倒刺，这些倒刺可以帮它们吞食鱼、虾等，还能用来捕捉章鱼一类的软体动物。企鹅的身体非常适应南极洲的环境，那里丰富的海洋浮游生物也为企鹅提供了充沛的食物来源。不同种类的企鹅虽然嘴的外形不太一样，但是舌头的作用几乎是相同的，这也是它们的一种生存利器。

海洋万花筒

企鹅的栖息地遍布南极洲以及印度洋和大西洋南端的众多群岛。这些岛屿主要分布在南极辐合带，是地极冷水和北部温水交汇的地方。比如，阿根廷、智利、法属南部领地、赫德岛和麦克唐纳群岛、南乔治亚岛和南桑威奇群岛都有企鹅活动的身影。

Part 2 企鹅身体的秘密

企鹅的翅膀

企鹅虽然是鸟类，但是为了在海里游得更快，它们放弃了飞行的能力。与其他鸟类相比，企鹅的翅膀很小，身体又胖又重，所以它们不能飞行了。企鹅的两只小翅膀就像两支船桨，它们被很小的羽毛覆盖着，可以在水中推进身体前行，这让企鹅的游泳能力有了很大的提升。

海洋万花筒

跳岩企鹅的雏鸟体型较小，身体上覆盖着厚厚的绒毛，头部和背部为灰褐色，腹部为白色。它们从身体长出绒毛开始，就可以在海里游泳了，它们会用还没有发育成熟的小翅膀，帮助自己在海水里游动，也会用小短腿来掌控方向。

特别的腺体

　　地球上的所有动物都需要喝水，企鹅也不例外。但是对企鹅来说，海水是它们唯一可以获取到的水源。我们知道，海水里面有盐分，是不能当作饮用水来喝的，但是不用为企鹅担心，它们的身体中有一个特别的腺体，可以将盐从喝下的水中分离，盐是液体形态下被分离的，由鸟喙的凹槽中流出并由尖端滴落。

✹ 海洋万花筒

　　海洋生物和我们人类一样，同样需要饮用大量的水，并且它们也没有直接吸收海水中大量盐分的能力。人类可以寻找淡水或制造淡水饮用，而海洋生物显然不具备这样的能力，因此它们就各显神通，进化出了属于自己的"绝活"，从海水里吸收淡水，如海龟，它们的眼睛后面有专门排出多余盐分的腺体，叫作盐腺。盐分会通过浓盐水的方式排出去，所以有时候会在沙滩上看到"伤心哭泣"的海龟。

健壮的骨骼

　　与其他鸟类相比，企鹅的骨骼比较健壮，而这些健壮的骨骼增加了它们身体的重量。经过漫长的进化，企鹅的身体越来越重，因此，它们无法在天空中飞行了。但是企鹅却练就了在陆地上直立行走和在水里"飞行"的本领。它们健壮的骨骼不仅能够支撑它们在陆地上直立行走，还可以使它们在游泳或潜水时身体加速，甚至能像发射炮弹一般，"砰"的一声跳出水面，然后再跳回到水中。它们笔直射出的距离大约为2米。

企鹅的膝盖

　　企鹅长有一对小短腿，看起来好像没有膝盖。实际上，企鹅是有膝盖的。企鹅的腿部构造与人类的腿部构造有点儿类似，都有膝盖、股骨、胫骨等。企鹅的膝盖可以在它们运动的时候发挥重要作用。只是它们的身体被厚厚的羽毛覆盖，所以很难被发现，经常被误认为没有膝盖。从远处看，只能看到特别明显的"小短腿"。

企鹅的脖子

企鹅的外表看上去胖乎乎的，好像一个短脖子的胖子，甚至被误认为没有脖子。事实上，企鹅不仅有脖子，它们的脖子还相当长。企鹅脖子的长度都快赶上整个身体高度的1/2了。从企鹅的骨架上看，它们与长颈鹿有些相似，但是从外表上看，两者相差甚远，根本想不到它们竟然都是"长脖鸟"。

💡 开动脑筋

1. 企鹅是怎样排出海水中的盐分的？
2. 企鹅有膝盖吗？

⚛ **海洋万花筒**

生物学家通过研究发现，有一部分企鹅的味觉消失了，而原因要归咎于遗传。生物学家在部分缺乏味觉感受器的企鹅身上找到了遗传学答案。这些味觉消失了的企鹅的味觉感受器基因出现了许多序列颠倒，而这种序列颠倒代代地传递下来，最终导致原始基因完全失效了。

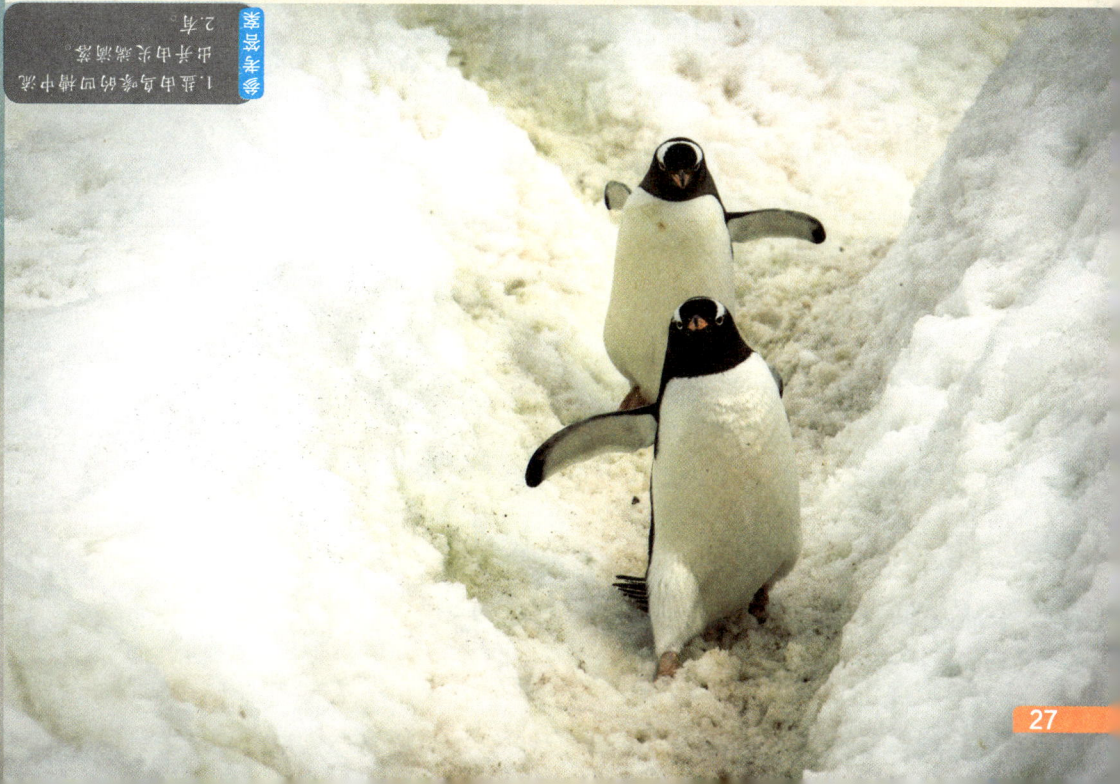

参考答案

1. 通过身体内的排盐系统，由盐腺来完成。
2. 有。

企鹅的羽毛

企鹅身上的毛看起来像皮毛，但实际上与其他鸟类一样，它们身体上覆盖着的是羽毛。企鹅的羽毛与其他鸟类的羽毛有明显的不同，企鹅的羽毛更加密集，密度也更大，是同样体型鸟类的3～4倍。它们的羽毛一层层地重叠覆盖，这让羽毛之间更加紧密，可以很好地阻挡冷空气对身体的侵袭。

奇特的羽毛

企鹅的羽毛很奇特，在显微镜下看企鹅的羽毛，可以发现它们上面有许多锯齿的形状，表面布满了很多毛孔，这些毛孔细小得无法用肉眼看到。正是羽毛上的这些特殊构造，才能够让水滴从羽毛的表面上滑过，使身体不会沾上海水。企鹅依靠这身奇特的羽毛在冰冷的海水里畅游，还能够抵御南极的酷寒。

涂上油脂的"雨衣"

　　企鹅的羽毛仿佛是一件"雨衣"，可以阻挡水滴沾湿身体。这是因为在企鹅的尾部有一个特殊的腺体，可以分泌油脂，企鹅会把这种油脂涂抹在身上，这样就可以让羽毛获得防水的效果。企鹅用特殊的油脂和羽毛上面的锯齿状、细小的毛孔，构成了一件阻挡水滴的"雨衣"。企鹅有了这样的"装备"，就可以在寒冷的南极生活，再也不畏惧寒冷的空气和冰冷的海水了。

🔬 海洋万花筒

　　鸟类的羽毛大多是长在长条形的羽胚上的，但是企鹅的羽毛却与众不同，它们均匀地分布在身体上，看起来就像披了一层皮毛一样。幼小的企鹅开始生长细毛的时候，最先长出来的是非常细软的羽绒，当羽绒慢慢褪去后，羽毛便长出来了。

不结冰的羽毛

大多数企鹅生活在冰天雪地的南极，这里的气候非常寒冷，海水也会结成巨大的冰块。然而，它们却可以在这里自由自在地生活，并经常到海里游泳，身体也不会结冰，这是为什么呢？有生物学家对此很感兴趣并进行了研究。原来，水珠停留在这些企鹅的羽毛表面时呈球状，散热速度比较慢，因此就不会凝结成冰了。

海洋万花筒

企鹅在陆地上会以腹着地的方式滑动前进，以脚部和鳍状肢作推进。它们还会在攀爬斜坡或离开水面时使用四肢来推进。

羽毛上的保护色

　　企鹅身上的羽毛都比较相似，无论是哪一种企鹅，它们背部羽毛的颜色都是黑色或深蓝色的，而肚皮上面的羽毛则是白色的。科学家经过研究认为，企鹅羽毛的颜色其实是一种保护色。当企鹅入水后，它们的肚皮朝下，背朝上。那些猎食它们的海豹从水中向上看时，很难将企鹅的白肚皮和刺眼的阳光区分开；当海豹从上往下看时，企鹅黑色的后背也难以被发现，因此，企鹅可以利用羽毛的颜色很好地保护自己，提升了生存能力。

企鹅也褪毛吗

　　企鹅每年都会褪一次毛，只不过它们褪毛的方式不一样，是新长出来的羽毛把旧羽毛顶掉，而不是褪完了再重新长出新的。这样，就避免了因褪毛而被冻死的危险。

企鹅宝宝的绒毛

　　刚出生不久的企鹅宝宝只有短短的绒毛，这些绒毛既不防水，也不保暖。这一时期的小企鹅会躲在成年企鹅的育儿袋中，父母会轮流喂食。等到企鹅宝宝几个月后褪去身上的绒毛，长出防水羽毛，就可以跟随父母下水了。而这个时候，父母也会离开企鹅宝宝，让它们独自成长。

🌀 海洋万花筒

　　由于地球气温升高，南极也受到了影响。有一项调查显示，南极有一种企鹅的数量出现了明显的下降。经过南极科考队员的确认，同一巢穴的纹颊企鹅数量几乎减少了一半。

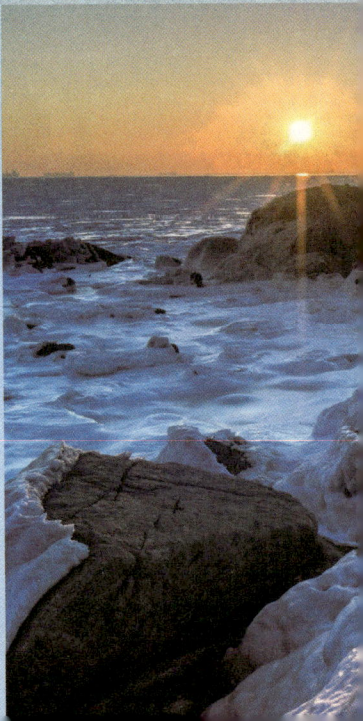

企鹅羽毛的绝缘防线

　　企鹅的羽毛不仅密度很高，还可以调节体温。企鹅在非常寒冷的环境下，经历了数千万年的暴风雪，它们的羽毛进化成重叠的、紧密相连的鳞片。这样特殊的羽毛，不仅海水难以浸透，还可以抵御严寒。即便是 –100℃ 的严寒，依然无法突破它们的绝缘防线。生活在南极的企鹅就是依靠这样一身特殊的羽毛，得以在酷寒的环境下生存下来并繁衍生息，自由自在地生活。

🔬 海洋万花筒

　　南极的南桑威奇群岛大约有 200 万只纹颊企鹅繁衍生息。南桑威奇群岛的北面则是一些活火山岛群，岛上多山，覆有冰雪；长有苔藓、地衣，常有海豹在这里栖息，岛上还有丰富的硫黄矿。

💡 开动脑筋

　　全世界已知的有 17 种企鹅，下面哪种企鹅的特征最明显？（　）

　　A. 帝企鹅　　　　　　　B. 阿德利企鹅

　　C. 纹颊企鹅　　　　　　D. 金图企鹅

Part 3
企鹅耐寒之奥秘

企鹅既能够在寒冷的冰面上生活，也能钻入冰冷的海水里捕食，这得益于它们身体上厚厚的脂肪，它就像一层保温层一样，使企鹅的体温保持在37℃左右。企鹅的身体还有令人吃惊的新陈代谢能力，即使吞食的小鱼非常冰冷，它们胃部的温度依然能够保持在30℃以上。

企鹅耐寒的秘密武器

　　企鹅之所以可以在南极的极寒条件下生存，是因为它们有许多耐寒的秘密武器。企鹅有一身厚厚的"羽绒服"，可以防风保暖；它们还有厚厚的脂肪，可以在冰冷的海水里畅游而不会被冻住。企鹅还可以通过维持低代谢水平来适应低温环境，这种生理功能可以很好地帮助它们抵御寒冷。

天然的"羽绒服"

　　企鹅身上的羽毛不仅保暖，还防水。它们一身的羽毛分成了两层：外层细长，呈管状结构；内层是纤细的绒毛。内、外两层都是绝佳的绝缘组织，对外可以防冷空气，对内可以保温。内层的绒毛还可以吸收并储存少量的红外线能量。

身体的保温层

　　企鹅的身体还有一个保温层，用来抵御寒冷，那就是企鹅体内的脂肪。企鹅体内的脂肪厚3～4厘米，特别是帝企鹅，它们的脂肪更厚。企鹅通过控制体内的能量消耗，使身体能量的消耗达到一个恒定值，以此来降低消耗，抗寒过冬。企鹅通过多重保护，构筑了一道防寒抗风的体系，以此保证自己的体温处在正常水平上。

特殊的同体异温

　　企鹅是恒温动物，身体温度一般保持在37℃左右，但是它们也有同体异温的现象，简单地说，企鹅的身体温度高于腿上的温度，因为企鹅的小短腿没有覆盖羽毛，同体异温可以更好地防止体温外泄。毕竟脚是一直待在冰雪中，脚上的温度低了，所流失的体温自然也就少了。

神秘的新陈代谢能力

企鹅还有一种令人吃惊的调节新陈代谢的能力。它们的整个身体只有必不可少的部位在起作用，其他部位的代谢都很平缓。科学家为了验证这个神奇的发现，选择了十多种企鹅做实验。实验表明，企鹅的正常体温为37℃，下潜后它们的腹部温度下降到11℃，而它们的胃部温度却仍然维持在30℃以上。

海洋万花筒

新陈代谢是指生物体能不断地与外界进行物质和能量的交换，同时生物体内也不断进行着物质和能量的转变过程，其实质就是生物体能不断进行自我更新。简单地说，就是食物经过口，进入人体中，通过一系列的消化系统，转变成自身的组成物质，并且储存能量的变化过程。

保存空气的微孔

　　企鹅的羽毛即使在寒冷的海水中也不会结冰。企鹅羽毛表面的微孔可以保存空气，尾巴底部的腺体会分泌油脂覆盖羽毛，使水珠无法渗入羽毛而流走。企鹅就是通过这种办法来避免自己被冻成"冰块"，这也是企鹅的抗寒本领之一。

🔬 海洋万花筒

　　为了弄清楚生活在南极的企鹅的生活习性和特异生理功能，很多国家都选择将它们运回国内来饲养，以便更好地观察。最早获得成功的是美国和英国，他们将企鹅饲养在模拟南极环境的水族馆和海洋馆里。

降低身体温度

　　企鹅为了度过南极寒冷的冬季，它们又想到了一个办法，那就是把自己身体大部分的温度降低，除了眼睛、嘴巴和脚以外，身体其他部位的温度均低于外界环境温度，这样做可以减少身体的热量流失，然后在脂肪和绒毛的保护下，就能把体温很好地控制在一个较低的水平上。

浮冰上的企鹅

　　阿德利企鹅喜欢像北极熊一样生活在浮冰上，由于海洋中的温度要比陆地上的温度高，阿德利企鹅就选择在浮冰上过冬。直到每年的10月，它们才会上岸选择配偶，然后阿德利企鹅"夫妇"轮流孵化卵，等再次结冰时，小企鹅的羽毛就已经长出来，可以寻找浮冰生活了。

"逆流热交换"

　　企鹅为了保护裸露在外面的脚不被冻伤，它们也用上了恒温动物所具备的一种能力——"逆流热交换"。这是一种减少热量消耗的方法。企鹅脚部的动脉血管周围分布着静脉血管，动脉血管的血是有温度的，当流到脚部时，由于那里的动脉血管和静脉血管靠得近，导致流到脚部的动脉血温度降低，回流到心脏的静脉血温度增加。企鹅脚部的温度就降低了，与水面的温度接近，由于降低了热量的消耗，企鹅就不会感到脚冷了。

开动脑筋

1. 阿德利企鹅为什么喜欢在冰面上生活？
2. 企鹅具备哪种恒温动物所具备的能力？
3. 企鹅是恒温动物吗？

海洋万花筒

　　科学家研究证明，帝企鹅可以在潜水的时候降低自己的心跳速度，将正常情况下的每分钟70次降至每分钟10次。帝企鹅还拥有不同寻常的结构化血红蛋白，能在低氧环境下维持功能，它们坚固的骨骼还能减少气压伤，也能减少代谢和关闭不必要的器官功能。

在冰冷的海水中潜水

企鹅虽然在岸上筑巢孵卵，但是它们大部分的时间都在海洋里生活，因为海洋里蕴含着丰富的食物。这样的生活环境也让企鹅练就了一身过硬的潜水本领，它们可以在海水里飞快地游动，羽毛和脚掌都能提供游泳的动力，只需耗费很少的能量就能游得很远。

海洋里的"潜水高手"

企鹅有很好的潜水本领，它们会潜入水底，捕食那些贴近冰面的鱼和虾。帝企鹅一次潜水可以深入水底 150～250 米，最深甚至可以下潜 500 多米，可以称得上是一名"潜水高手"了。大多数的企鹅都会在 20～60 米深的地方觅食，它们喜欢吃的鱼类有新西兰拟鲈、红拟褐鳕、单鳍双犁鱼及蓝背黍鲱等。

身体里的"氧气瓶"

企鹅的身体里仿佛装有一个大大的"氧气瓶"，它们可以把氧气储存在自己身体上的每一个部位。所以企鹅才可以憋气很久，下潜到几百米深的海洋中。

奇闻逸事

据英国《每日邮报》2018年4月报道：一只生活在南极的帝企鹅成功地进行了32.2分钟的潜水，创造了世界最长的潜水时间纪录，超过前世界纪录5分钟。

"沉潜"的企鹅

　　企鹅有一种"沉潜"的本领，当企鹅游到岸边时，它们会猛地低头，从海面扎入海水里，然后拼力下潜。由于潜得越深，海水所产生的压力和浮力就越大，企鹅会借助这两种力迅猛向上，犹如一支离弦之箭蹿出水面，画出一道完美的"U"形线后落在陆地上。这是一种富有成效的下潜蓄势。

潜水捕食

　　企鹅喜欢潜水的主要原因是为了捕食。它们除了捕食南极磷虾外，还会捕食那些腕足类、乌贼和小鱼。由于南极的海水表面可能被浮冰覆盖，所以企鹅会潜入比较深的海水中去捕食，当发现猎物之后，就会迅速游过去，把猎物吞入腹中。

深潜的原因

　　企鹅为了获取食物，常常潜入深海之中，因为南极磷虾和其他节肢动物都隐藏在深海里，比如，南极磷虾通常在 50 米左右的海水表层活动，如果企鹅潜水不够深，它们就会与这些营养丰富的食物失之交臂，所以企鹅都练就了一身深潜的本领。

⚛ 海洋万花筒

　　企鹅也是一种鸟，但是大约在 6000 万年前失去了飞行能力，转而练就了鸟类中最强的潜泳能力。正是因为这种潜泳能力，使企鹅得以在南极等极端环境下生存下来，并且高度适应了这种海洋环境。

企鹅的水下视觉

　　企鹅的眼睛结构基本上适合水下视觉，它们不仅可以在水下辨别天敌和猎物，还能分辨颜色。企鹅的视网膜上的视觉感受器对紫色、蓝色和淡绿色最敏感。它们也能看到陆地上的景物。当企鹅在陆地上时，可以使眼睛的晶体变平，将瞳孔缩小到直径1毫米左右，从而在视网膜上形成清晰的物像。

🔬 海洋万花筒

　　据报道，在新西兰道特利斯湾地区，人们发现沙滩上出现了大量的企鹅幼崽的尸体。这是由于海水的温度过高而造成的。海水温度过高致使企鹅的食物进入深海，而企鹅幼崽的身体太弱，缺乏耐力，无法潜入深海寻找其他食物，因此导致大量的企鹅幼崽被饿死。

适合潜水的翅膀

企鹅的翅膀已经丧失了飞行能力，对于为什么会丧失飞行能力，科学家给出了一种生物力学解释：当鸟类潜水时，它们的翅膀所进行的工作与飞行时的生物力学不同，因而无法打造出同时擅长这两种工作的翅膀，企鹅只能放弃飞行能力，转而进化出了适合潜水的翅膀。

💡 开动脑筋

1. 企鹅的眼睛在海水里能分辨出颜色吗？
2. 企鹅"沉潜"是为上跃做准备吗？

潜水冠军

企鹅是所有鸟类中游得最快的，它们常常潜泳一段距离，露出水面换气后，再潜下去继续游。同时，企鹅也是潜水冠军。据报道，帝企鹅曾经有过潜入水下565米的记录，这样的深度是其他鸟类无法超越的。

企鹅粪便隐藏的秘密

企鹅属于鸟类的一种，它们的排便方式也和大多数鸟类一样，通过泄殖腔排便。由于企鹅是群居鸟类，当几万只企鹅在同一座海岛上排便时，那些粪便的规模就非常可观了。企鹅的粪便也有"肥料"的用途，能滋养整个贫瘠的南极大陆，养活许多小动物。

维持生态系统

企鹅是南极的代表动物，它们的粪便会保留在陆地上，这些粪便是记录海洋信息的载体，科学家为了获得关于某片海洋的信息时，就会通过研究企鹅粪便，得到自己想要的相关信息。通过研究企鹅粪便，可以了解南极的气候、生态、地理等情况。

粪便的定位功能

　　企鹅的粪便还有一种定位功能，那就是人们可以通过卫星寻找企鹅粪便来发现企鹅的聚集地。在南极大陆上，当卫星发现很多颜色鲜明的企鹅粪便时，就可以确定那里是企鹅的聚集地了。因为当数万只企鹅聚集在一处时，它们排出的粪便会非常明显，很容易被卫星发现。

海洋万花筒

　　由于企鹅的主要食物是南极磷虾，研究人员可以通过研究企鹅粪便中南极磷虾残留的元素氟来获得南极的历史信息。这样，不仅能知道在过去的若干年中，有哪些年份的气候发生了变化，还能获得企鹅数量增加或减少的原因。

吸热的作用

企鹅会利用粪便来取暖，因为企鹅排出的粪便在寒冷的天气里是难得的热源，并且企鹅粪便的颜色也可以吸热，通常以南极磷虾为主要食物的企鹅的粪便比吃鱼的企鹅的粪便颜色深，可以吸收更多来自太阳的热量。

企鹅粪便的颜色

喜欢吃小鱼的企鹅排出的粪便通常显得白一些，而吃了大量南极磷虾的企鹅排出的粪便颜色呈粉色，这是因为南极磷虾体内含有大量的虾青素。那些红褐色或粉红色的企鹅粪便还成为南极某些苔藓类植物的重要营养来源。因为企鹅粪便中丰富的氮等元素的含量，在南极以沙砾为主的土地中尤显珍贵。

1. 企鹅的粪便里含有哪种元素?
2. 企鹅的粪便为什么会呈粉色?

企鹅的泄殖腔

企鹅的泄殖腔前与直肠连接,后通泄殖孔,是消化、泌尿、生殖 3 个系统的共同通道。内部被 2 个环形褶顺次分为粪道、泄殖道、肛道 3 部分。企鹅的肛道为消化道的最后一段,以泄殖腔孔开口于体外,用于暂时储存和排泄废物。科学家研究后还发现,阿德利企鹅在排便时,直肠内的压力可达人类排便压力的 4 倍。

海洋万花筒

企鹅是鸟类的一种,鸟类为了减轻身体的重量才会选择通用的排泄口,这样的排泄方式会排出稀释的粪便,企鹅也是一样的,唯一不同的是,其他鸟类是"拉",而企鹅是"喷"的形式。

海洋奇观 1.飞翔 2.因为吃了南极磷虾

Part 4
企鹅是这样繁衍的

大多数企鹅生活在寒冷地带，它们学会了自己建造房子。通常它们会用石子搭建一个圆形的巢穴，然后在巢穴中产蛋。雄企鹅和雌企鹅会轮流孵蛋，直到小企鹅破壳出生。企鹅通常每年产两枚蛋，破壳出生的幼企鹅会跟随父母一起出海，然后学会独自生活。

建造巢穴

每一种企鹅因生活的地理位置和环境条件不同，它们的筑巢方式、材料也会有所不同。

建筑材料

企鹅大多时候都是简单地把巢穴建在地面上，非常简陋。建筑巢穴的材料有草茎、羽毛、小圆石、泥土等。

不筑巢的企鹅

帝企鹅因为生存环境的苛刻，再加上气候的寒冷，它们没有合适的地方去建造自己的巢穴，对新生的小宝宝来说，唯一的巢穴可能就是雄性帝企鹅腹下的育儿袋。帝企鹅是相互挤在一起过冬的。

王企鹅在南纬66°～77°之间的南极大陆的冰上繁殖。它们并不建巢穴，为了方便下海寻找食物，它们总是寻找较为平坦的海滩孵蛋，大家紧紧地挨在一起取暖，帝企鹅和王企鹅的生存方式很相似。

偷石子的企鹅

阿德利企鹅十分喜欢岩石，便常常用石子来筑巢。如果石子不够的话，它们会去偷"邻居"家的石子。它们会在海滩上挖出浅坑，旁边围一圈小石头，如此就能让企鹅蛋保持干燥和温暖。

巢穴圈成的领地

纹颊企鹅用石子将自己的巢穴围成一个圆圈，这样就相当于给自己圈出了领地。

金图企鹅的巢是由一堆石头绕圈而成，直径为 25 厘米左右。当找来石头后，它们会守着自己的石头，然后不紧不慢地去筑巢，有时也会因为石头发生争斗。有的金图企鹅会用草筑巢，生活在不同地区的金图企鹅的筑巢方式有所不同。

Part 4 企鹅是这样繁衍的

陡峭岩壁间筑巢

有的企鹅会把巢穴筑在陡峭的岩壁间。如跳岩企鹅，它们常常会把巢筑在松动的石块或陡峭岩壁间的洞穴里。每到繁殖季节，它们就会返回上一次的繁殖地点，并且往往会返回同一个巢穴，甚至会寻找以前的伴侣。

马可罗尼企鹅常常在陡峭的山地地面上筑巢，筑巢的材料是岩石中的泥土或者碎石中的碎屑。它们常常需要从海边穿过碎石行走几百米才能抵达自己的巢穴，所选择的地方没有鸟类或鸟类很少。纹颊企鹅为了安全起见，也会选择陡峭的地带来繁衍后代。

倾斜的悬崖上筑巢

　　一部分皇家企鹅会把巢筑在丘陵或者海拔 200 米的倾斜悬崖上，筑巢的材料是岩石。而有的皇家企鹅则选择在海滩上靠近溪流的地方筑巢，筑巢的材料是沙子。溪流不仅是淡水来源，还是它们往返海洋的路线。

灌木下筑巢

　　斯奈尔斯群岛上的树木郁郁葱葱，海岸上有很多白云母花岗岩。为了避免阳光直射，斯岛黄眉企鹅便把巢穴筑在树木或者灌木下。如果暴风雨破坏了植被，它们就在地面上挖一些浅坑，里面垫一些树叶和小树枝。

　　黄眼企鹅更喜欢生活在牧场和植被之间的森林或灌木丛下，由于它们属于陆生企鹅，因此只在寻找食物时下海。

　　在繁殖季节，麦哲伦企鹅会生活在海岸线草原生态环境之中，这里的灌木丛很多，并且靠近海洋，因此它们能轻松地找到食物。

岩石表面上的巢穴

　　翘眉企鹅通常会把巢穴筑在海拔不高于 70 米的平坦岩石表面，用石头和泥巴将巢穴圈起来，如果附近有小草，它们则会用小草装饰自己的巢穴，将其铺垫在巢穴的周围。

　　加拉帕戈斯企鹅栖息在火山岛上，那里只有火山岩，所以它们会在火山岩上寻找裂缝或者洞穴筑巢。

海洋万花筒

　　筑巢主要是由于巢具有一定的保温作用，能减缓热量的散失，有利于幼崽的生长发育。筑巢行为的活动过程，有利于刺激性生理活动，从而使体内的生殖细胞快速成熟并排出，使繁殖行为不至于中断。

沙坑中筑巢

　　洪堡企鹅会把南美洲西岸秘鲁和智利的岛屿作为自己的繁殖地点,活动范围为洪堡寒流流经的沿岸。它们会选择在沙坑中筑巢。而非洲企鹅会在岩石下、沙子里或稀疏的植被下挖浅坑,然后把家安在那里。

🔬 海洋万花筒

　　美国的一名摄影师曾在南乔治亚岛上拍摄到一个约有10万只小帝企鹅的"托儿所"。这些小帝企鹅都长着棕色的绒毛,聚在一起互相取暖,虽然这些小帝企鹅看上去都长得差不多,但它们的父母返回后,总能凭借声音精准地找到自己的孩子,而秘诀就是它们足够熟悉自己孩子的声音。

✏️ 开动脑筋

　　企鹅的巢穴分几种形式?

进入繁殖的季节

企鹅只有在性成熟后才具备繁殖能力。企鹅的繁殖与物种体型的大小和地理分布有关，同一种类的企鹅的繁殖周期也会因为其所处的纬度不同而不同。

在春季繁殖的企鹅

春天是万物生长的季节，动物们的食物丰富，并且环境适宜，由于日照时间长，很多动物分泌的性激素多，它们会选择在春季繁殖。另外，一些动物选择在春季繁殖，是为了躲避天敌，这其中也包括企鹅。

阿德利企鹅在春季繁殖，由于这时冰雪融化，缩短了海边和传统繁殖地之间的路程，有利于它们及时从大海中觅得食物。并且，它们的配偶往往都是同一个。

在夏季繁殖

有的企鹅会选择在相对温暖的夏季繁殖。王企鹅每年的产卵期在11月，而在温暖的夏季孵化，5个月后，也就是第二年年初，小企鹅就可以到海中生活了。

纹颊企鹅的产卵期也在每年的11月，到了夏季会孵出两只小企鹅，它们有时也会选择在冰山上繁殖。35天后小企鹅出生，它们在巢中逗留20～30天后离开巢穴，在出生50～60天后换毛，然后出海。值得注意的是，纹颊企鹅会平等地对待两个孩子，会提供一样的食物，两个小家伙一起成长。

初冬寻找产卵的宝地

4月，南极进入初冬时节，帝企鹅就会上岸寻找安家的地方。雌性帝企鹅在5月左右产卵。7月中旬至8月初，小帝企鹅就会陆续破壳而出。帝企鹅是生活在南极的企鹅中唯一一种在冬季繁殖的企鹅。

洞中产卵

加拉帕戈斯企鹅把主要的繁殖地点选在费尔南迪纳岛和伊莎贝拉岛上，并把蛋产在这些岛屿的火山岩的洞穴里。它们会在科隆群岛的沿海水域中寻找食物，且栖息在繁殖区域中，为领地性物种，会保护巢穴不受影响。

在峭壁上繁殖

翘眉企鹅在繁殖季节一般会活动于新西兰的奥克兰群岛和坎贝尔岛上，而在非繁殖季节，则在南极洲海域活动。它们会把巢筑在从飞溅区至海拔 75 米的岩石峭壁上，从而很好地保护巢穴。

在零度以上孵化

　　金图企鹅的繁殖季节是在冬季，由于所处的繁殖地不是在极地，所以气温平均在0℃以上，这有助于孵蛋。在孵化幼崽时，金图企鹅只活动于群居地方圆10～20千米的范围内。

繁殖的次数

　　通常来说，大多数企鹅一年只繁殖一次。有的企鹅每3年繁殖两次，如帝企鹅；也有的企鹅一年能繁殖两次，如小蓝企鹅和非洲企鹅。这与每种企鹅居住的地方有关。由于所栖息的地方食物丰富，加拉帕戈斯企鹅可全年繁殖，一年会繁殖2～3次，其中，一年之中最好的繁殖季节是5-7月。

企鹅的"一夫一妻"制

企鹅基本实行"一夫一妻"制。曾经有生物学家长期追踪、研究了近千只企鹅，发现绝大多数企鹅只有一个伴侣，可谓十分忠贞，甚至有一对企鹅在一起生活了11年。

黄眼企鹅从8月中旬进入繁殖季节，它们同样实行"一夫一妻"制，该物种表现出性别二态性（雌体和雄体在形态结构上存在明显的差异），雄性黄眼企鹅有明亮的黄色羽毛，雌性黄眼企鹅会根据该色彩来选择配偶。

企鹅宝宝的"托儿所"

在企鹅幼年的时候，成年企鹅会出去觅食，它们喜欢把自己的孩子交给"邻居"看管，因为企鹅是群居动物，尤其是处在极地寒冷环境下的帝企鹅们，在小帝企鹅长到一个月左右时，成年帝企鹅夫妻会把自己的孩子"托管"出去，一群毛茸茸的小帝企鹅聚在一起，紧紧地将自己的头放在前面的空隙处，这样只需要几只成年帝企鹅就可以看管一群小家伙了，这种情形像极了人类的幼儿园。

轮班守护

雌性帝企鹅产蛋之后，通常由雄性帝企鹅来孵蛋。帝企鹅的防卫能力并不强，为了防范天敌，它们会选择在南极最寒冷的冬季来产蛋和孵蛋。为了不让新鲜的企鹅蛋冻成石头，雄性帝企鹅一般会把蛋小心翼翼地放在脚背上，避免蛋与冰面接触，并用自己那厚厚的肚皮将其盖住。在孵化期中，雄性帝企鹅一般会停止进食，完全靠脂肪来维持机体需要。

有的企鹅则是双方一起分担孵化职责，如麦哲伦企鹅。雌性麦哲伦企鹅产蛋后，最初，雄、雌性麦哲伦企鹅都要进行为期两个星期的轮班孵化。随着孵化期的发展，双方会频繁地切换。孵化期持续 40 ～ 42 天。育雏期持续 24 ～ 29 天后，父母会花更多的时间来寻找食物，并且每隔 1 ～ 3 天就会回到巢中喂养幼崽。

开动脑筋

哪种类型的企鹅有宝宝"托儿所"呢？

企鹅选择伴侣

企鹅实行"一夫一妻"制，它们对待感情比较忠贞，一旦认准另一半，就会"不离不弃"，然后好好地繁育下一代。大部分企鹅只有在另一半死亡后才会寻找新的伴侣。那么，企鹅是怎样求偶的呢？

礼貌的求偶方式

帝企鹅的求偶方式令人印象深刻，雄性帝企鹅会摇摇摆摆地在冰面上行走，并发出叫声，借以吸引雌性帝企鹅的注意力。它们先很有礼貌地相互鞠躬，对着彼此发出尖锐的叫声，然后再碰一碰嘴，最后两只帝企鹅会一前一后地走开，离开企鹅群，做一些繁殖工作。雌性帝企鹅产蛋后交给雄性帝企鹅孵化，雄性帝企鹅会在寒冷的冰上站立 90 天（包括孵化期 54 天），直到小宝宝出生为止。

唱出求爱之歌

有的企鹅常常用对歌的方式来求偶，并且唱歌时会配一些动作，如扇动翅膀、昂起扁平的长嘴。在进行求偶和交配仪式时，雄性纹颊企鹅会拍打胸脯、伸颈，随后发出尖锐的叫声，其他的企鹅也会加入，唱出一曲气势磅礴的求爱之歌。

海洋万花筒

在进入"青少年"时期后，企鹅会经历一个重要的生活历程，那就是"对歌求偶"。这个场面既壮观又热烈，极富激情的歌声此起彼伏。在求偶成功后，双方会到偏僻的地方"说悄悄话"，讨论它们接下来的家庭生活。有了伴侣后，它们便开始筑巢，搭建一个温馨的家。

对配偶忠贞

大部分企鹅只要选定伴侣就不会改变，到了繁殖季节，它们会寻找之前的伴侣，企鹅夫妇彼此记得对方的叫声，凭借叫声就能找到对方。而且在求偶之前，公企鹅会给母企鹅送光滑的小石子作为定情信物。它们对爱情很忠贞，严格遵循一夫一妻制，确定关系后，它们会找一些石头慢慢筑巢。

回家时的欢迎仪式

雄性斯岛黄眉企鹅会张开翅膀，直立起来，然后反复拍打自己的胸部，以此来吸引雌性斯岛黄眉企鹅的注意力。当回到巢穴时，雌性斯岛黄眉企鹅会先向雄性斯岛黄眉企鹅鞠躬，然后雄性斯岛黄眉企鹅再向雌性斯岛黄眉企鹅鞠躬。当雄性斯岛黄眉企鹅长久缺席后返巢，它们会向彼此展示自己，展示内容包括鞠躬、将其喙垂直悬在空中并大声鸣叫。接着，雌性斯岛黄眉企鹅会重复这些动作，只是音调不同。

保卫"妻子"的战斗

　　麦哲伦企鹅能够将其配偶关系维系很长时间。进入"青少年"时期的雄性麦哲伦企鹅首先通过鸣叫声来吸引伴侣，一旦有雌性麦哲伦企鹅被吸引，雄性麦哲伦企鹅会绕着它走一圈，并用脚蹼拍打它。一般情况下，为了保持配对，雄性麦哲伦企鹅和雌性麦哲伦企鹅会为彼此打扮。雄性麦哲伦企鹅会为巢穴和"妻子"而战。通常情况下，体型较大的雄性麦哲伦企鹅会取胜。

　　在企鹅的世界中，音群（也叫求偶叫）是它们交流、识别和吸引伴侣的重要手段。企鹅可以通过音群识别出符合自己标准的配偶，如可以通过鸣叫声判断对方的健康状况、年龄、力量和能力等，一般来说，企鹅会选择声音清晰响亮的个体作为潜在的配偶。

Part 4 企鹅是这样繁衍的

对其他雄性的警告

雄性非洲企鹅会摆动头部，有时是为了显示自己对巢穴的所有权，以此来吸引雌性非洲企鹅，有时是为了警告其他雄性非洲企鹅。

🌀 海洋万花筒

喙：鸟的嘴巴。它们是由鸟的上、下颌骨向前突出而形成的角质结构。不同的鸟类由于食物的种类和进食的方式不同，喙的形状天差地别。如果想知道它们喜欢吃什么，可以观察它们的喙。

"父母"的责任

作为"父母"，一对企鹅会共同承担孵化责任，当一只企鹅孵蛋时，另外一只企鹅则冒着生命危险去沿海水域寻找食物。幼崽孵化出来后即表现出取食行为，父母一方承担保护它们的职责，而另外一方则去寻找食物喂养自己和幼崽，会带回食物为幼崽反刍。刚开始时，幼崽会藏在父母的身体下，慢慢长大后，则停留在父母的体侧。幼崽从孵化到完全独立所需要的时间，根据企鹅种类的不同而有所不同。大群半成熟的幼崽由成年企鹅照顾，直到完全独立。

海洋万花筒

企鹅夫妇不仅会吵架，有时还会"离婚"。虽说大部分企鹅都遵守"一夫一妻"制，但帝企鹅是个例外，帝企鹅虽然在某一年内保持夫妻关系，共同抚养后代，但等到来年时，有75%的帝企鹅会"离婚"，重新寻找配偶。

开动脑筋

企鹅通过什么形式来吸引配偶的注意力？

影响企鹅繁殖的因素

　　企鹅被称为南极的主人，是南极的代表性动物，对环境的变化十分敏感，近些年来，南极地区的环境发生了显著的变化，已经严重影响到企鹅的繁殖。

气候的变化

　　全球气候变暖，会导致海洋中的某些物理、化学因子发生细微变化。而南极磷虾是海洋中较为脆弱的物种，会首先受到影响。当南极磷虾的数量减少时，以南极磷虾为食物的企鹅也会相应地受到影响。例如，阿德利岛上企鹅的主要食物是南极磷虾，如果用数字来表示，金图企鹅、阿德利企鹅和纹颊企鹅对南极磷虾的依赖程度分别为85%、82%、100%。绝大部分企鹅都有在大海中玩耍时逐食南极磷虾的天性，有的企鹅宁愿挨饿也不吃死虾。因此，南极磷虾的减少，对一些企鹅来说，无疑是灭顶之灾。同时，气候的变化会引起多重因素的叠加，使企鹅的种群数量，甚至是生理和生态习性都发生改变。

海水变暖

2018 年，一项研究报告表明，在过去的 30 年里，全球最大的王企鹅栖息地——科雄岛上的王企鹅数量大幅度减少，原来有 200 万只王企鹅，现在只剩下 20 万只，减少了 90%。而该岛上的王企鹅占据全球王企鹅总数的近 1/3。专家们经过分析，认为海水变暖是该岛上的王企鹅数量锐减的主要原因。

海洋万花筒

科雄岛：属于法国的领地，位于非洲南端与南极洲之间，面积为 67 平方千米，为克罗泽群岛中的第三大岛屿，理查德福伊峰是该岛的最高峰，海拔为 770 米。

漏油对环境造成严重污染

　　油轮翻沉造成的漏油事故会严重破坏企鹅的栖息地。2000 年 6 月 23 日，一艘名为"珍宝"号的油轮在南非开普敦附近的海域沉没，导致所载的 1400 吨石油大量泄漏，油污迅速扩散。附近的达森岛是非洲企鹅最大的聚集地，上面栖息了 5.5 万只成年非洲企鹅。附近还有罗本岛，它是非洲企鹅的第三大聚集地，有 1.8 万只成年非洲企鹅在上面活动。

　　这次漏油事件给栖息在这两座岛上的非洲企鹅带来了巨大的灾难，导致 2019 只成年非洲企鹅和 4300 多只幼崽死亡。接近 2 万只非洲企鹅的身体被油污沾上，尽管相关专家和附近的热心救援人员帮助它们清理了身上的油污，但专家们后来发现，它们之中只有 7% 能够进行繁殖。

漏油对企鹅的危害

由于企鹅常常在海面上游动，油污会让企鹅羽毛的保温、防水功能大大下降，甚至完全丧失保温和防水功能，导致它们被冻死或者因无法下潜到海水里捕食而活活饿死。除此之外，企鹅也会因为误吃油污而丧失性命。

海洋万花筒

为了保护企鹅不被海面上的漏油伤害，一些企鹅保护组织和慈善机构，会为企鹅编织毛衣。这些毛衣不仅可以保护企鹅的羽毛免受石油污染，还能起到保暖的作用。这些慈善人士已经为企鹅编织了超过十万件毛衣，很好地保护了企鹅的健康。

过度捕捞造成食物短缺

　　麦哲伦企鹅把阿根廷南部邱布特省大西洋岸的仑波角作为最主要的陆地繁殖地。到了繁殖季节，几十万只麦哲伦企鹅就会从巴西迁徙到此地。加上刚出生的幼崽，麦哲伦企鹅总数达 100 万只，场面十分壮观。根据相关组织的报告，每年这里有 2 万多只企鹅幼崽由于饥饿而死亡，占新生企鹅的 20%。这是由于人类的过度捕捞，鱿鱼等海洋动物大量减少，导致以其为食物的麦哲伦企鹅数量日益减少。

🌐 海洋万花筒

　　麦哲伦企鹅除了吃鱿鱼之外，也吃其他海洋生物。麦哲伦企鹅吃的东西，主要取决于它们的所在地。当这些企鹅在北部地区繁殖时，它们会捕食海洋里的鳀鱼；而当它们在南部地区繁殖时，就开始吃鱿鱼和鲱鱼了。麦哲伦企鹅和其他企鹅一样，也可以直接喝海水。它们喝下海水后，通过体腺把海水里的盐分排出身体之外。

南极磷虾的减少

经过科学研究证明，南极磷虾身体中包含蛋白质和少量的脂肪，以及人类所必需的氨基酸，而氨基酸是构成动物营养所需蛋白质的基本物质。

南极磷虾身体中代表着营养学特征的赖氨酸的含量最丰富。除了这些，南极磷虾身体中还包含了人体所需的钙、磷、钾、钠等元素；南极磷虾的眼球中还包含丰富的胡萝卜素。这导致了人类大面积的捕捞。

南极磷虾作为企鹅的主要食物来源，它们的减少会导致企鹅的营养跟不上，孵出来的小企鹅就没有东西吃，大量幼年企鹅被饿死。

开动脑筋

对于企鹅的保护，你认为还应该注意哪些方面？

Part 5
庞大的企鹅家族

企鹅家族是一个庞大的族群，它们通常成群结队地在一起生活。有些种类的企鹅体型比较大，如帝企鹅，它的身高甚至可以达到1.2米，相当于一个7岁孩子的身高。还有身高达72厘米的纹颊企鹅，它们在南极以及南桑威奇群岛等地生活。

帝企鹅

南极为地球上两大冰原之一，气候极端恶劣，能够在此生存下来的生物都具有特殊的本领。其中，南极的象征——帝企鹅就生存在这里，饱受着风雪的摧残。那么，帝企鹅有什么样的魅力呢？让我们一起去探寻一番吧。

帝企鹅的外形

帝企鹅是极地的精灵，是企鹅家族中个头最大的物种，身高大约为 1.2 米，相当于人类 7 岁孩子的身高，体重 50 千克左右。帝企鹅身穿黑白色的"大礼服"，脖子下围着橙黄色的"围巾"。其"下嘴唇"是赤橙色的，可能是因为南极太寒冷，它们常年戴着一个橙黄色的"耳套"。雄性帝企鹅腹部下方有一个布满血管的紫色育儿袋，里面的温度始终保持在 36℃。

帝企鹅住在哪里

　　企鹅在南极"发家"，在恶劣的生存条件下，总会有种群离开群体到其他地方谋生，但也有种群固守着自己的家园，保护"发祥地"，留在南极生活的企鹅中就有帝企鹅。帝企鹅不愿意离开自己的故乡，它们栖息在南极大陆位于南纬 66° ～ 78.5° 的很多地方。

帝企鹅为何不怕冷

　　帝企鹅有一层厚厚的脂肪层，这是它们抵抗寒冷、维持体温的秘诀所在。帝企鹅怀卵以及孵蛋时不进食，通过消耗自己的脂肪层来维持体温。雄性帝企鹅在孵蛋时会消耗 90% 的脂肪层。

帝企鹅的习性

　　帝企鹅是群居动物，喜欢聚集在一起。在南极大陆上，它们常常成群结队，一群有时有成千上万只，最多时可达十几万只，它们时而排列着整齐的队伍，踢着整齐的正步，面朝一个方向前进；时而排成距离、间隔相等的队伍，如同做广播体操的学生们，阵势十分壮观。群居动物有一个好处就是可以相互保护、相互帮助，架势摆起来，敌人见了也会胆寒。

帝企鹅的寿命

　　在南极生活的企鹅中，只有帝企鹅在冬季进行繁殖。在野生的环境中，通常情况下，帝企鹅的寿命约为10年，但也有长寿的，可达20年。

帝企鹅的天敌和食物来源

帝企鹅的天敌主要有豹海豹、虎鲸等。帝企鹅通常每小时可游 6～9 千米，快的时候游速可达每小时 19 千米。它们会潜到约 50 米的海面下捕捉冰海中的鲜鱼、南极磷虾及头足类动物，有时，它们还会在冰裂缝下吹泡，将藏在水下的鱼逼出来。

帝企鹅的蛋

帝企鹅的蛋要比其他企鹅，甚至其他鸟类的蛋大得多，只有鸵鸟的蛋可与之媲美。帝企鹅的蛋中有巨大的蛋黄，当小企鹅在蛋里面成长的时候，它会吸收掉所有的蛋黄来帮助自己成长。这可能是所有鸟类的共性，蛋黄担负着幼崽所有的营养，这也是蛋类的营养价值所在。

帝企鹅孵化的过程

（1）求偶。

在繁殖地中，雄性帝企鹅会通过声音和动作来吸引雌性帝企鹅的注意，从而选择合适的伴侣。帝企鹅是企鹅中的异类，它们往往今年是和谐的"夫妻"，明年又会"离婚"寻找新的伴侣。

（2）抱团取暖。

雌性帝企鹅产下蛋后，就会交给雄性帝企鹅来孵化，然后直奔大海去寻找食物，来补充身体的能量，因为产蛋的过程已经将雌性帝企鹅体内的能量消耗殆尽了，说元气大伤也不为过。将蛋接手过来后，雄性帝企鹅会留守在营地里。孵化的季节正好是一年中最冷的时候，寒风萧萧，它们生怕脚上的蛋掉到雪地上，只能小范围地移动，有时甚至不能动，为了抵御寒风，一群帝企鹅只好相互依靠着来取暖，并轮流站在外面抵挡风寒。

（3）帝企鹅宝宝出生。

每年 7~8 月，帝企鹅宝宝们陆续地孵化出来了，因为刚出生的宝宝抵抗风寒的能力很差，它们只能躲在爸爸的育儿袋里，实在饿得不行了，雄性帝企鹅就会从胃里吐出一些类似"稀饭"的东西，没有营养，但可以果腹，就这样，还需要坚持几周的时间，等雌性帝企鹅觅食回来才可以离开。

现在已知帝企鹅的数量

2012 年，美国和英国相关机构利用高分辨率卫星图像自动融合技术拍摄到的照片，估计了南极海岸线上的帝企鹅种群的数量。经统计，南极大陆上有 44 个帝企鹅种群，总数约 59.5 万只，此前估计为 27 万 ~ 35 万只。

开动脑筋

成年帝企鹅需要照顾宝宝多久才算完成任务？（ ）

A.2 个月　　　　B.5 个月

C.10 个月　　　　D.14 个月

王企鹅

　　王企鹅在外形上和帝企鹅差不多，区别在于王企鹅的头部和颈部两侧都有橙黄色的羽毛，其躯体大小仅次于帝企鹅，只是比帝企鹅"苗条"一些，王企鹅是在南极生活的企鹅中姿势最优雅、性情最温顺、外貌最漂亮的一种企鹅。

外形特征

　　王企鹅的身高约为90厘米，体重约为15～16千克，它们的嘴巴细长，头上、喙、脖子呈鲜艳的橘色，且脖子下的橙黄色羽毛向下和向后延伸的面积较大。前肢发育成为鳍脚，适于划水。它们有鳞片状的羽毛，羽轴宽而短，羽片狭窄而密集，均匀分布于体表。尾羽短。跗跖短，并移至躯体后方。趾间具蹼。王企鹅虽然步行笨拙，但遇到敌害时可将腹部贴于地面，以双翅快速滑雪，后肢蹬行，速度很快。

栖息环境及分布地区

　　王企鹅的栖息地遍布南极洲以及印度洋和大西洋南端的众多群岛。这些岛屿主要分布在南极辐合带，是地极冷水和北部温水交汇的地方，位于南纬48°～62°，如阿根廷、智利、法属南部领地、赫德岛和麦克唐纳群岛、南乔治亚岛和南桑威奇群岛。

繁殖后代

　　王企鹅繁殖后代的方式和帝企鹅差不多，区别在于王企鹅的产卵期是从11月开始，在相对温暖的夏天孵化，使小企鹅在冬天来临之前就能在海边自由来回。王企鹅每次产卵一枚，大小为7×10厘米左右，重300多克，孵化期约为54天。幼鸟孵出来后由父母双方照顾30～40天。

处境堪忧

　　截至 2009 年，王企鹅的数量约有 220 万对，其中有一半生活在克罗泽群岛上。在这个群岛上有一个规模巨大的王企鹅栖息地——科雄岛，据统计，有 50 万对王企鹅生活在这座岛屿上。2016 年底，研究人员乘坐直升机来到该岛，发现王企鹅的数量明显减少了，岛上现在只有 6 万对王企鹅了。这并不是说地球上现在就只有 6 万对王企鹅了，这只是这座岛屿的情况，由此可以看出，50 万对王企鹅在近几十年中剧减了将近九成以上，可以想到，王企鹅在不久的将来也会被列为濒危动物。

海洋万花筒

　　2009 年 3 月 25 日，来自南极的王企鹅小情侣迪克和格瑞司正式落户杭州，安家杭州极地海洋公园内的"南极企鹅岛"。这是王企鹅首次落户杭州，也是中国首次引进王企鹅情侣。

王企鹅数量下降的原因

根据专家的统计和推算，导致王企鹅数量下降的原因可能有两点：

（1）王企鹅必须在一个星期左右的时间里往返南极锋覆盖的区域寻找食物，不然小企鹅就会被饿死，但是最近这些年地球上的气温居高不下，使王企鹅的食物，如鱼和南极磷虾南迁，最后导致大量的幼崽饿死。

（2）一些动物带来的传染病或王企鹅种群内部对资源的争夺导致的。

王企鹅和帝企鹅的区别

（1）从体重来看，帝企鹅可以达到50千克。王企鹅的体重为15～16千克。

（2）从外观来看，王企鹅和帝企鹅的嘴巴是不同的。王企鹅的嘴巴更细长，帝企鹅的则短一些。

（3）颜色区别：王企鹅脖子上的橙黄色羽毛向下以及向后延伸的面积都比帝企鹅的大。

（4）分布地区不同：帝企鹅分布在南纬66°～78.5°的地方。王企鹅不只是生活在南极地区，在纬度比较低的一些国家也有分布。

非洲企鹅

非洲企鹅也叫作斑嘴环企鹅，它们是唯一一种生活在非洲大陆上的企鹅。它于 1488 年在南非的好望角被葡萄牙水手首次发现，1758 年由瑞典著名博物学家林奈确定了学名，成为第一种被定名的企鹅。

非洲"企鹅滩"

非洲企鹅憨态可掬，温文尔雅，很受大家的喜爱。在南非开普敦市南半岛区的西蒙斯敦镇有一个"企鹅滩"。这个海滩是当地企鹅登陆嬉戏的场所，大量的非洲企鹅聚集在这里生活。西蒙斯敦镇也成为游客们必到的观光胜地，游客们可以远远地看着这些可爱的企鹅悠闲地生活着，感受着阳光沙滩上的独特景色。

形态特征

　　非洲企鹅的身高为 68 ~ 70 厘米，体重为 2 ~ 5 千克，雄鸟的体型及鸟喙都比雌鸟的大。每一只非洲企鹅的身上都有自己独特的斑点，仿佛人类的指纹。它们不仅有一个马蹄形的白色宽带，从下颌到喙一直绕到眼睛，还有一条马蹄形的黑色带穿过胸部。幼鸟的羽毛最初为灰蓝色，随着年龄的增长而变深，在第二年和第三年变成棕色，最后变成成鸟的黑色。

珍稀的品种

　　非洲企鹅是独有的珍稀品种，这些呆萌的小生灵有很多天敌，如鲨鱼、海豹和食肉鲸等，都企图品尝一下这些"胖鸟"的味道，而非洲企鹅却完全没有危机感。为了保护这些"小可爱"，当地政府明确禁止游客们去触碰企鹅，否则将面临严厉的法律惩罚。游客们可以在远距离的小道上面对着这些珍稀的企鹅拍照，感受一下独特的唯美画面。

陆地上的生活

　　非洲企鹅喜欢整夜聚集在岸边，其余的大部分时间在水里觅食。它们在水里游泳的速度可以达到每小时 20 千米。非洲企鹅喜欢在陆地上或海岸的非连续区域进行繁殖、换羽和休息。通常在离海岸 40 千米以内都能看到这些企鹅的身影。从平坦的沙质岛到植被很少的陡峭的岩石岛等都有它们活动的踪迹。

生下小宝宝

　　非洲企鹅会在栖息地寻找合适的繁殖地，它们可能会向内陆移动 1 千米以寻找繁殖地。在生下企鹅宝宝后，它们通常会在该聚居地 20 千米以内觅食，在某些聚居地，这个距离会更大。从每年的 2 月开始，雌性非洲企鹅每窝会产两枚蛋，然后由父母双方孵育 38 ～ 42 天。企鹅宝宝破壳后，父母会将食物注入雏鸟的口中来喂养其约一个月。然后，小雏鸟会单独或成群地在聚居地活动，直到发育出羽毛后离开聚居地。

性情憨厚

　　非洲企鹅的性情憨厚、大方，十分逗人。它们天生就有一种好奇心，当人们靠近它们时，会展现各种各样的表情和神态，对陌生的事物和动物也毫不害怕。在人类面前，它们有时装作若无其事，有时羞羞答答，有时又东张西望，交头接耳，叽叽喳喳。那种呆萌的傻劲十分惹人发笑。

海洋万花筒

　　企鹅的全身上下除了脚丫是光秃秃的外，其他部位都覆盖了羽毛。那么，企鹅的脚丫没有毛发，难道不怕冻脚吗？实际上，企鹅的双脚上有一种特殊的转换系统，能保证脚不会被冻坏。企鹅脚上的血液流量会根据气温的变化来增减，天冷了就减少脚上的血液流量，天气暖和了就增加脚上的血液流量。

捕猎食物

非洲企鹅主要以浅海鱼类为食，它们喜欢吃欧洲鳀、远东拟沙丁鱼、南非竹䇲鱼和脂眼鲱等鱼类，也会捕食一些鱿鱼和甲壳动物，在寻找猎物时，非洲企鹅游动的最高时速可以达到20千米。非洲企鹅在海中会被鲨鱼、南非海狗及虎鲸等猎杀，在陆地上还会受到獴科、香猫、家猫及狗等的威胁。

偶尔的打斗

非洲企鹅成群地聚居在非洲南部的海岸上，在温暖的日子里，非洲企鹅可以潜入水中保持凉爽。它们也会像其他动物那样偶尔发生一些小冲突。但是它们互相之间的打斗却充满乐趣，比如，在聚居地中互相追逐，用翅膀拍打对手或用嘴去啄对手的背。

企鹅也会洗澡

企鹅是一种很特别的生物，它们成群地在一起生活，非洲企鹅会经常在海岸线几米范围内洗澡，它们疯狂地摇晃身体，用嘴和脚打扮自己。异性间还会相互梳理羽毛，因为非洲企鹅不能轻易地梳理自己的头和脖子上的羽毛。它们相互间可以清理和重新排列羽毛，帮助去除蜱虫等寄生虫。

🔬 海洋万花筒

企鹅有一种同体异温的现象，科学家们发现，企鹅身上的温度和脚上的温度不一样。就跟上文提到的企鹅的脚部有转换系统一样，这是同体异温的现象。

💡 开动脑筋

企鹅的天敌除了文中提到过的外，你还知道有哪些？（　）

A. 狮子　　　　　B. 海狮

C. 海豹　　　　　D. 虎鲸

阿德利企鹅

阿德利企鹅是南极数量最多、最常见的企鹅，有"南极居民"的美称。它们全身羽毛只有黑白两色，显得素雅大方；它们的体型比帝企鹅的要小很多，性格比较恶劣，具有一定的攻击性。

阿德利企鹅的样子

阿德利企鹅的身高为72～76厘米，体重4～6千克，头戴黑色头盔，眼圈为白色，如同戴着一副白色"眼镜"，嘴巴呈黑色，嘴角带点细长的羽毛，小短腿穿着肉色的露指小皮鞋，脚趾上还有染着黑色的指甲。它们头部、背部、尾部、翼背面、下颌处的羽毛为黑色，其余部分的羽毛均为白色。阿德利企鹅的前肢发育成鳍脚，适于划水。舌表面布满钉状乳头，适于取食甲壳类、乌贼和鱼类等。它们非常擅长游泳，时速可达15千米。

生活环境

阿德利企鹅栖息在南极大陆、南极半岛以及南设得兰群岛、南乔治亚岛等地，包括阿根廷、澳大利亚、赫德岛和麦克唐纳群岛、新西兰。可以说，它们是南极大陆最常见的企鹅。

捕食

阿德利企鹅以小鱼、小虾、小乌贼、章鱼等软体动物和蟹类等节肢动物为食。它们喜欢聚集在一起，群体有几十只，多时可达上百只。在一起下海捕鱼的时候，离海边最近的那只阿德利企鹅最倒霉，身后的阿德利企鹅会趁它不注意的时候，一脚把它踢下去"试水"，美其名曰"侦察敌情"，要是它在下海后没有被海豹吃掉，那么剩下的阿德利企鹅就会纷纷下水捕鱼；要是被吃掉了，其他的阿德利企鹅就会纷纷逃离现场，这是多么的狡猾！这就是阿德利企鹅的真实面目。当然，不管它们的行为多么的怪异，都不会影响它们在人们心中可爱的形象。

筑巢

　　阿德利企鹅用小石头来搭建自己的小窝，但是南极大陆到处都是冰雪，石头很少，为了拥有更多的石头，它们会你偷我的，我偷你的，互相偷着来，想象一下，这是多么没有"底线"的事情啊！

🗒️ 奇闻逸事

　　2008 年 7 月，连续不断的暴风雨突袭了南极地区，导致上万只新生企鹅宝宝活活被冻死。南极专家估计，经此灾难，在南极生活的企鹅的数量减少了两成。其中，受灾最为严重的是阿德利企鹅。

繁殖过程

　　阿德利企鹅的繁殖季节在春季冰雪融化的时候，为了保证繁殖地不会被雪水打湿，不使孵化受到影响，它们往往会用石子铺垫巢穴。雌性阿德利企鹅每次产下两枚蛋，孵化出来的两只幼崽通常只能存活下来一只。

🌀 海洋万花筒

　　阿德利企鹅的名称来自南极大陆的阿德利地，这里是由 1840 年到访的法国探险家迪蒙·迪尔维尔以他的妻子的名字命名的。

阿德利企鹅的幼崽

阿德利企鹅夫妻会轮流孵化蛋，孵化期一般为1个月。阿德利企鹅具有攻击性，经常会两个"家庭"在一起打架。如果打架的时间过长，就会导致幼崽被冻死。在阿德利企鹅家庭中，两只幼崽之间也会爆发争夺，阿德利企鹅会根据"优胜劣汰"的方式来选择幼崽，它们会在喂食时故意引诱幼崽争夺，然后将食物喂给更强壮的那一只，如果落后的幼崽追赶不上，就长不大，活不过冬季，这也是幼崽成活率为一半的原因。当阿德利企鹅幼崽长到2个月时就会和父母下海去生活。

全球气候变暖对企鹅的危害

南极洲西部半岛是全球平均气温上升最快的区域之一，在过去的50年里，气温上升了约6℃。降雪量的增多掩埋了岩层，那是阿德利企鹅每年春天筑巢的地方。同时，全球气候变暖使深海中的大量浮游生物死亡，鱼虾类减少，导致企鹅数量锐减。

"乐于助人"

在帝企鹅将幼崽赶往大海的过程中，阿德利企鹅如果看到这种场景，也会加入帝企鹅的队伍，护送帝企鹅幼崽前往大海。等抵达大海边缘，它们会攻击帝企鹅幼崽，将它们赶下海，将边缘的一片地空出来。在这个过程中，其他的阿德利企鹅会陆续加入。

阿德利企鹅凭借憨态可掬的长相，将黑白色运用到了极致，一举一动都能够俘获人心，除了拥有可爱的形象以外，阿德利企鹅怪异的行为也让人感到惊异。

开动脑筋

说说阿德利企鹅有什么样的怪异行为？

金图企鹅

企鹅家族里有一种企鹅，可能是因为基因突变，导致它们的"眉毛"变得雪白，走路的样子很像绅士，于是，它们有了一个"绅士企鹅"的称呼。这就是下面要介绍的金图企鹅。

相貌特征

金图企鹅又叫白眉企鹅、巴布亚企鹅，身高为 60～80 厘米，体重 6 千克左右。细长的喙和蹼为橘红色，头顶有一道白色条纹。眼角处有一个红色的三角形，看上去十分清秀。因其模样憨态有趣，惹人喜爱，因而俗称"绅士企鹅"。金图企鹅幼鸟的背部呈灰色，腹部呈白色。

生活环境

金图企鹅分布于阿根廷、智利、赫德岛、麦克唐纳群岛、南乔治亚岛和南桑威奇群岛。它们在南大西洋的海中觅食，阿根廷的马尔维纳斯群岛上的金图企鹅数量较多。马尔维纳斯群岛年均气温为5℃，是耐寒野生动物的天堂，大量金图企鹅在这里自由自在地生活着。

🌐 海洋万花筒

金图企鹅是阿德利企鹅属中的一种。经过科学研究显示，王企鹅属在约4000万年前从企鹅家族中分离出来，再之后的200万年，阿德利企鹅属也分离出来了。再往后直到距今约1900万年前，阿德利企鹅分离出来，而纹颊企鹅和金图企鹅则在1400万年前才分离出来。这说明金图企鹅和纹颊企鹅的族群"分家"的时间比较晚。

生活习性

金图企鹅每小时能游 36 千米，不仅是企鹅家族中游泳速度最快的，也是鸟类中的游泳冠军。它们有时还会潜入海中 100 米处，但一般不超过 2 分钟，在大多时候，潜水深度只有 20 米。它们经常在近海处寻找食物，主要吃磷虾等甲壳类动物，而鱼类只占它们食物的 15%。金图企鹅十分胆小，当人靠近它们时会马上逃走。

海洋万花筒

如果把在南极生活的企鹅运到北极，它们能生存吗？答案是不太乐观，首先对只能慢吞吞行走的企鹅来说，北极的天敌众多，如北极熊、北极狼、海狮、海豹等都有实力猎杀它们。其次，企鹅的主要食物是南极磷虾，这占了它们食物的90% 以上，到了北极可能会面临无食可捕的局面。最后是人类活动的影响，大海雀之所以灭绝就是因为人类的滥捕，企鹅也会面临同样的情况。

孵化过程

　　金图企鹅的巢穴比较坚固，通常是用石头筑成的。当找来石头时，它们会守在一旁，然后不紧不慢地筑巢，有时会因为石头而与其他企鹅争斗。不过，金图企鹅也会用草搭建巢穴。11月，它们会进入交配期，在12月底至次年1月，雌性金图企鹅会产下两枚蛋。以先雄性金图企鹅、后雌性金图企鹅的顺序轮流孵蛋。每隔1～3天换班一次。孵化时间长达7～8个月，一次会抚育两只小企鹅。

海洋万花筒

　　金图企鹅一年繁殖一次，在繁殖期间，雄性金图企鹅会提前搭建好巢穴，等雌性金图企鹅到来后再共同繁殖。金图企鹅为"一夫一妻"制，只有当其中的一只企鹅死亡或者繁殖失败的情况下才会更换配偶。

优胜劣汰

在孵化期间，雄性金图企鹅和雌性金图企鹅轮流担任孵卵或育雏任务，因此不必长时间禁食。在这段时间里，它们的活动范围为 10 ~ 20 千米。刚孵化的小企鹅成长较慢，通常 3 个月后才能下水。如果两只小企鹅都存活下来了，雄性金图企鹅和雌性金图企鹅会观察它们的发育情况，选择让更强壮的孩子存活下来。在幼年时，小企鹅会换两次毛，这在企鹅中是独一无二的。

🔬 海洋万花筒

采用"优胜劣汰"的方法选择后代的动物有很多，除了阿德利企鹅、金图企鹅外，还有角雕等。雌性角雕也会产两枚蛋，孵化 50 ~ 56 天后，如果其中一只小角雕破壳而出，另一枚蛋就会被无情抛弃。而圣诞岛上的红蟹甚至会吃掉自己的孩子。

开动脑筋

当天空中的敌人来偷袭自己时，为了保护孩子，金图企鹅会用身体哪个部位进行反击？（ ）

A. 翅膀　　B. 喙部　　C. 身体　　D. 爪子

金图企鹅喜欢温和的气候环境

　　金图企鹅偏爱更温和的气候，随着海水逐渐升温，金图企鹅的队伍不断壮大，虽然没有离开南极大陆的范围，但可以说，金图企鹅已经在探索发源地以外的地方，它们之所以会远离南极大陆，可能也是为了种群获得更好的生存条件和环境。

天敌

　　在水中，金图企鹅会一边进食，一边防备天敌的捕杀。海狮、海豹和虎鲸都是它们的天敌。每次下海，金图企鹅都是在与命运作斗争，这也是大自然食物链的一环，经过捕杀，企鹅中的"老弱病残"会被吃掉，更好地保证了企鹅整体的质量。

　　在陆地上，金图企鹅只需要防范来自天空的敌人就可以了，南极贼鸥是所有企鹅的天敌，它们会专门抢夺企鹅宝宝。

跳岩企鹅

企鹅中有一个擅长跳跃的种类，它们常常蹦蹦跳跳的，颇为可爱。在海浪拍打海岸时，它们会一次次地冲向岩石，这不是自杀，而是借助大海的力量跳上岸，"勇往直前"的精神在这种企鹅身上展现得淋漓尽致。它们就是跳岩企鹅。

跳岩企鹅有两种类型，即南跳岩企鹅和北跳岩企鹅。这种分类方法主要依据两种企鹅居住的位置不同。南跳岩企鹅主要居住在阿根廷和智利一带，北跳岩企鹅则在新西兰和印度洋区域活动。

名字的由来

从字面意思就可以看出，跳岩企鹅属于天生运动型。它们是企鹅中最擅长跳跃行走的一个分支，蹦蹦跳跳的，如同一只兔子。几十只、几百只跳岩企鹅一起跳跃，此起彼伏般的气势足以吓退天敌—南极贼鸥和鸬鹚。它们的群体意识很强，一起下海，一起上岸，在跳跃岩石的时候，跳岩企鹅会排成队一个个地跳，没跳上去的会往后面排，展现极高的自律性。

外形特征

跳岩企鹅又被称为凤头黄眉企鹅，原因是它们的眼睛上方有一簇很长的黄色羽毛。在黄眉企鹅中，跳岩企鹅的体型最小，身高为55～65厘米。身体为流线型，能够减少游泳时的阻力。前肢发育成鳍脚，有助于划水。羽毛呈鳞片状，胸骨有发达的龙骨突起。腿十分短，而且靠近躯体后方，方便掌控方向；骨骼沉重而不充气，有助于快速潜入水中。

🌀 海洋万花筒

跳岩企鹅在近年来被主张分为两个不同的种类，即南跳岩企鹅和北跳岩企鹅，这也是有时介绍企鹅的种类时由17种变为18种的原因。

繁殖过程

在海上寻找一段时间的食物后，跳岩企鹅会上岛，成群结队地聚在一起。它们每年都会返回同一个地方繁衍后代，甚至会寻找前一年的伴侣。跳岩企鹅的主要繁殖地为新西兰南岛西南部地区，每年的7—11月为繁殖期，雌性跳岩企鹅每次产下两枚蛋，但通常只有第二枚蛋被孵化，孵化期为35天。小跳岩企鹅发育较快，出生后10周便可以跟随父母下海了。

🌊 海洋万花筒

跳岩企鹅栖息在南极地区、南美洲的南端地区以及非洲，包括马尔维纳斯群岛、麦克唐纳群岛、赫德岛、澳大利亚、新西兰、法属南部领地和乌拉圭。跳崖企鹅属于热带地区的企鹅，因为也只有在没有冰雪覆盖的地方才会有岩石来供它们跳跃。

习性

跳岩企鹅的群体意识很强，通常一起下水，一起上岸。同时，跳岩企鹅的脾气十分暴躁，攻击性强，但又十分团结。当面对外敌入侵时，如果有其他生物企图接近，跳岩企鹅会形成一个密集的攻击群，不停地用喙去攻击对方，直到危机解除。

跳岩企鹅有着高超的攀岩技术，双翅十分灵活，就像人类的胳膊一样，就算从岩石上失足掉下去也不会有性命危险，因为它们的身体有厚厚的脂肪层，无形之中起到了减震的效果。跳岩企鹅主要捕食沙丁鱼和南极磷虾。它们还喜欢"泡温泉"，当温暖的水流划过身体的时候，它们会喝上一口。

🔬 海洋万花筒

和跳岩企鹅相比，金图企鹅的群居意识就比较弱。金图企鹅组成的团体比较小，由此可见，这些企鹅的群居意识不强。虽然如此，金图企鹅在繁殖期时也非常留恋群体，它们在此期间只愿意在聚居地10～20千米的范围内活动。

小蓝企鹅

在企鹅家族中，体型最大的是帝企鹅，身高一般为 1.2 米，而最小的企鹅只有 43 厘米，差不多是一个电脑键盘的长度，它就是小蓝企鹅。可以想象，这么袖珍的企鹅是多么招人喜欢。

外部特征

小蓝企鹅又称小企鹅、蓝企鹅、神仙企鹅、小鳍脚企鹅。通常，它们的身高为 43 厘米，体重约为 1 千克。与雌性小蓝企鹅相比，雄性小蓝企鹅的体型稍大。之所以叫小蓝企鹅，是因为它们的头部和背部为靛蓝色，它们也是唯一一种有蓝色羽毛的企鹅。小蓝企鹅的耳部为青灰色，腹部呈白色。它们的鳍外部为靛蓝色，而朝内的那一面为白色。喙长 3 ～ 4 厘米，为深灰黑色。蹼和脚底为黑色，朝上的一方呈白色。

生活习性

一般情况下，小蓝企鹅只在夜间活动，并且胆子不大。它们潜入的海域没有局限性，通常吃鱼类、鱿鱼以及其他小型的水生动物。小蓝企鹅一般会在夜幕降临时回到巢穴喂食幼崽。它们通常是小群聚集，有利于守卫幼崽。

海洋万花筒

小蓝企鹅栖息于新西兰、澳大利亚、智利的海岸，有6个亚种，分别为小蓝企鹅指名亚种、小蓝企鹅白翅鳍脚亚种、小蓝企鹅查塔姆群岛亚种、小蓝企鹅黄斑亚种、小蓝企鹅澳洲亚种和小蓝企鹅仙女亚种。

繁殖过程

　　小蓝企鹅习惯将自己的蛋放在地穴中，定期上岸观察，孵化时间通常为36天。在孵化期间，小蓝企鹅只有在天黑的时候才会返回陆地上查看自己的巢穴。它们的生活习惯与人类一样，习惯于"早出晚归"。每年的9—11月为小蓝企鹅的繁殖期。它们会根据洋流活动的变化选择最适合的时间繁殖，保证幼崽有充足的食物。

　　小蓝企鹅没有固定的配偶，这取决于繁殖的成功率。一般情况下，小蓝企鹅会产下两枚鸡蛋大小的蛋，双方轮流孵蛋。在幼崽长到7～11周时，它们就会选择离开父母独自生活，在本能的驱使下，游泳和捕食都不需要父母另外传授，这也是小蓝企鹅这个种群的特别之处。

海洋万花筒

小蓝企鹅保护中心坐落于新西兰南岛的基督城与但尼丁之间。这是个景色宜人的海滨小镇，小蓝企鹅保护中心位于海岸地带，周围是陡峭的悬崖，海水击打着海岸的景象十分壮观。每当夜幕降临时，小蓝企鹅们就会上岸，然后很有秩序地分成几支队伍，排成整齐的方队，浩浩荡荡地穿过海滩，各自奔向隐藏在灌木丛中的巢穴里。

天敌

小蓝企鹅的天敌有很多，陆地上有老鼠、短尾鼬、黄鼠狼，天上有贼鸥等鸟类，海洋中有海豹等肉食性动物。小蓝企鹅把自己的巢穴建在地洞里，由于所产的蛋只有鸡蛋大小，所以会吸引大量的小型哺乳动物来偷食。

Part 5 庞大的企鹅家族

小蓝企鹅换羽毛

　　小蓝企鹅一般会在每年的 2—4 月换羽毛，这个过程约为 17 天。在这段时间里，由于缺少羽毛的庇护，它们就不能下海捕鱼了，只能待在陆地上。根据统计，在换羽期间，一只小蓝企鹅差不多会瘦掉 700 克。但它们通常会在换羽毛之前"饱餐一顿"，体重几乎可以增加 1 倍。

🔬 海洋万花筒

　　世界上的企鹅有 17 种，每种企鹅在外形上都是不同的，但对企鹅这个家族来说，它们有几个共同的特征：

　　（1）翅膀为鳍状，善于在水中"飞行"；

　　（2）长有 1 个油脂分泌腺，企鹅可以用嘴将其涂抹到全身，起到防水效果；

　　（3）流线型身体；

　　（4）羽毛可封存空气，保持体温；

　　（5）它们的眼睛上方长有 1 个盐腺，可过滤海水中的盐分，为企鹅提供淡水；

　　（6）骨骼偏重，可以更好地潜入水中。

1.体色以蓝白色为主
2.帝企鹅

小蓝企鹅的与众不同

　　纵观企鹅家族的成员，不管有多大差异，它们的体色都是以黑白色为主，只有小蓝企鹅是以蓝白色为主，从这点来看，小蓝企鹅具有唯一性。这种蓝白色属于反荫蔽保护色，可以更好地保护自己。

奇闻逸事

　　澳大利亚有一座叫作长岛的小岛，那里生活着800只小蓝企鹅。这个小岛地势崎岖，海风不断，是小蓝企鹅理想的栖息地。长岛距离澳大利亚大陆仅二三十米，退潮的时候，留下的沙子形成了一条天然的"连接带"。大陆上的狐狸通过这条"连接带"来到这座小岛上，一时之间，800只小蓝企鹅就只剩下4只，当地人说："狐狸是可怕的猎手，只要被狐狸看到，它们就什么也不会放过，有一次它们一晚上就杀了300多只鸟。"

开动脑筋

1. 小蓝企鹅与其他品种的企鹅有什么不同？
2. 小蓝企鹅将巢穴安放在什么地方？

麦哲伦企鹅

　　1519 年，葡萄牙探险家麦哲伦第一次在南美洲发现了这种生物，于是以他的名字为这种生物起名，这种生物便是麦哲伦企鹅。

外部特征

　　在温带企鹅中，麦哲伦企鹅的身材最高大，它的身高为60 ~ 70厘米，体重为4 ~ 4.7千克，喙和背呈黑色，正面为白色。成年的麦哲伦企鹅头部主要呈黑色，一条白色的"宽带"从眼睛后面绕过耳朵，一直延伸到下颌，并且脖子的下方有两条黑带，而亚成鸟只有一条。

分布地点

　　麦哲伦企鹅主要栖息在智利、阿根廷，也有少量迁徙到巴西境内过冬。等天气暖和之时，它们就会返回智利和阿根廷繁衍下一代。

栖息环境

　　麦哲伦企鹅主要生活在南美洲的温带地区，平时会随着洋流向北进入更热的纬度地区，只有到了繁殖季节，它们才会来到海岸线上的草原地区，那里有充足的灌木丛，离海岸又近，能够轻松地寻找到食物。麦哲伦企鹅会将巢穴安置在洞穴中，常在离海岸 100～1000 千米的范围中游荡。

习性

　　麦哲伦企鹅喜欢成群地聚居在一起，常生活在一些近海小岛上。为了躲避天敌，它们十分机智地将巢穴建在茂密的草丛或者灌木丛中。另外，在比较干旱而植被不茂盛的地方，如果土质相对松软，它们会挖洞作为自己的巢穴。为了适应不停"奔走"的生活，它们会直接饮用海水，并通过体腺将海水的盐分排出体外。成年企鹅每天捕食一次，非常有规律，并在白天进行，潜水通常在 50 米内，也偶尔达到 100 米的深度。

奇闻逸事

　　2014 年 5 月，世界上第一只"试管企鹅"诞生于美国加利福尼亚州的圣地亚哥海洋世界。这只刚出生的雌性麦哲伦企鹅宝宝是由冷冻精子受孕而生，研究人员称之为"184"。人们希望通过人工授精的方式来增加企鹅这个物种的多样性。

领地

　　对于麦哲伦企鹅具体占据了多大的领地范围，目前没有详细的数据。但它们一直在为保护自己的巢穴而战，这是出于动物的本能。它们的防御区域大小会依据巢穴密度而有所变化，但也许会在3平方米以内。大部分的战斗都涉及两只雄性麦哲伦企鹅，这种现象十分普遍。因为繁殖地十分密集，两个巢穴也许只相距两米。

迁徙

　　像大多数企鹅一样，麦哲伦企鹅专门在广阔的海洋中觅食。它们属于迁徙的鸟类，会向南迁徙，把南美洲的南岸以及周围岛屿作为自己的繁殖地。一到繁殖季节，它们会在岸上生活，把巢穴建在悬崖或者沙滩上，并照顾幼崽。在繁殖季节结束后，它们会向北迁徙，并在距离海岸1000千米处寻找食物。

麦哲伦企鹅的"口粮"

　　麦哲伦企鹅属于肉食性动物，主要吃鱼类、鱿鱼和虾等甲壳动物。但当居住地不同时，它们的猎物也会有所不同。栖息在北部繁殖地的麦哲伦企鹅主要吃鳀鱼，而在南部繁殖地的麦哲伦企鹅主要吃鱿鱼和鲱鱼。

天敌

　　麦哲伦企鹅有很多天敌，在陆地上有灰狐、红狐、美洲狮、美洲豹，它们把麦哲伦企鹅成鸟、亚成鸟和年龄稍大的幼鸟当成了自己的美餐；而在海里，海狮、海豹、虎鲸等会把麦哲伦企鹅当成自己的猎物。南极贼鸥和海鸥也会偷食麦哲伦企鹅幼崽和企鹅蛋。

繁殖过程

麦哲伦企鹅喜欢把巢穴建在灌木丛下，但有时会选择在类似淤泥或黏土的小颗粒和少量的沙子组成的区域搭建巢穴。雌性麦哲伦企鹅会在9月初来到繁殖地，在10月下旬产下两枚蛋。孵化时间为40～42天。幼崽在刚出生时很弱小，完全依靠父母。通常首先孵化出的幼崽体型更大，并能得到更充足的食物。所以，只有食物充足的情况下，第二只幼崽才能存活下来。父母双方交替着担任孵化和觅食的职责，而幼崽则是通过反流喂养。育雏期持续24～29天，父母会花较长的时间去寻找食物，并且每隔1～3天就会返回巢穴中。1个月后，幼崽会长出部分羽毛，偶尔到巢穴外活动。幼崽长到40～70天时会下海，然后会和成年麦哲伦企鹅向北迁徙到过冬的地方。如果小企鹅不幸亡故，麦哲伦企鹅夫妇会在接下来的一年拒绝交配，也不会产蛋孵化。

开动脑筋

1. 麦哲伦企鹅一般吃些什么？
2. 麦哲伦企鹅的天敌有哪些？
3. 麦哲伦企鹅一般把巢穴建在哪里？

洪堡企鹅

洪堡企鹅属于温带企鹅，它们既怕热也怕冷，它们的名字源自德国科学家亚历山大·冯·洪堡。

外貌特征

洪堡企鹅又称为秘鲁企鹅、汉波德企鹅、洪氏环企鹅。洪堡企鹅属于中型企鹅，成年企鹅身高为65～70厘米，体重约4千克，寿命20年。洪堡企鹅与其他企鹅不同的是，它们的脸上有黑色的条纹，头是黑色的，一条白色的带子从眼后经过耳朵延伸到下颌，下颌有一道粉红色条纹延伸到眼睛。除肚子外，全身为黑色，有一道宽宽的条纹带子环绕在胸前。

🔬 海洋万花筒

亚历山大·冯·洪堡（1769—1859年），德国著名科学家，植物地理学等学科创始人。他出生于德国柏林，首创了等温线、等压线的概念，创立了近代地球物理学、植物地理学和气候学，撰写了《新大陆热带地区旅行记》，他也是第一个将洪堡企鹅这个物种介绍给西方学界的人。

习性

　　洪堡企鹅喜欢生活在温暖的地区，主要栖息在智利、秘鲁一带的南美洲西海岸，为了适应气候，它们的羽毛变得又短又小。洪堡企鹅的活动范围延伸到了洪堡沿岸，这里属于亚热带。一股寒冷的海流会从南方而来，刚好满足了它们体温的需求，并且，水域中的食物非常丰富。洪堡企鹅游速每小时可达 30 千米。一到晚上，它们会发出驴子般的叫声，喜欢成群结队地居住在一起，休息时会把头部藏在鳍脚下。在换羽期，洪堡企鹅的羽毛会在一天内脱落干净，只剩下头部的羽毛，大约需要 3 周才会长出新的羽毛。洪堡企鹅主要吃大群的沙丁鱼、磷虾和乌贼。

海洋万花筒

　　一直以来，企鹅都被视为南极的象征，事实上，只有阿德利企鹅和帝企鹅完全生活在南极地区。现存的大部分企鹅栖息在温带地区，洪堡企鹅、麦哲伦企鹅和非洲企鹅则生活在亚热带、热带地区，而加拉帕戈斯企鹅则更是在赤道附近活动。

繁殖过程

　　洪堡企鹅的繁殖期可持续一年，它们会把巢穴筑在沙坑或者缝隙之中。每年3月和10月产蛋，每次产2～3枚蛋，通常蛋长7.5厘米，重132克，相当于3枚鸡蛋的重量。洪堡企鹅实行"一夫一妻"制，双方交替着孵蛋，50天后，幼崽就会出生。

奇闻逸事

　　2011年3月22日，两只经人工孵化的洪堡企鹅宝宝在美国纽约罗萨蒙德吉福德动物园破壳而生。4月3日，一只洪堡企鹅在媒体面前亮相时，它已经长到1千克左右，而出生时的体重只有113克，十分活泼可爱。

分布位置

　　洪堡企鹅主要栖息于秘鲁和智利的沿岸，属易危物种，自然界有3300～12 000只，主要的繁殖地分布在洪堡沿岸的小岛上，它们是企鹅家族中唯一生活在热带沙漠里的企鹅。

奇闻逸事

　　2005年，德国不来梅动物园的两对企鹅夫妇花了几个月时间"孵蛋"，但总生不出宝宝。后来，研究人员发现它们孵的是一块石头。最后，通过DNA检测，饲养人员发现动物园5对企鹅夫妇中，有3对是雄性夫妇。为此，他们从瑞典引进了4只雌性企鹅，但也没有拆开这些同性企鹅"夫妇"。

南京海底世界有企鹅

　　2019 年的 "五一" 期间，南京海底世界迎来了 3 只新生的洪堡企鹅，这是 3 只还没有完全褪去绒毛的小家伙，长得很健康，也很黏人。根据饲养员的介绍，在企鹅宝宝出生后，他们就开始进行人工喂养，这是因为担心洪堡企鹅自然育雏的不确定性。在企鹅宝宝还在保温箱里的时候，饲养员会每 3 小时喂一次食物，一小时喂一次水，等到它们 3 个月大的时候，就可以喂一些成年企鹅吃的食物了。

洪堡企鹅为何不会冻死

　　研究人员采用电子扫描显微镜观察洪堡企鹅的羽毛，发现其羽毛上布满了细小、微结构层面的连续倒钩，这些倒钩形成了一个防水的纤维网，能够锁住气泡并防止热量转移。这是一种可以预防结冰的微观结构，从而使翅膀表面的水不会结冰。

帝企鹅

洪堡企鹅

帝企鹅和洪堡企鹅的区别

（1）生活环境：帝企鹅生活在寒冷的南极大陆，气温在 -30 ～ -50℃，属于耐寒企鹅；而洪堡企鹅生活在温带、热带地区，它也是企鹅中唯一生活在热带沙漠地区的企鹅，既怕热也怕冷。

（2）身材：帝企鹅是现知企鹅中体型最大的企鹅，身高一般在 90 厘米以上，甚至能到 1.2 米；洪堡企鹅身高为 45 ～ 60 厘米，体重为 3 ～ 6 千克。

（3）外貌：帝企鹅身披黑白大礼服，喙呈鲜橘色，脖子底下有一片橙黄色羽毛；洪堡企鹅前面则围着一条黑色的"围巾"，大大的眼睛审视着周围的一切，俨然"卫兵"一般。

（4）帝企鹅是雄性孵化蛋，而洪堡企鹅是双方轮流孵化蛋。

开动脑筋

洪堡企鹅是企鹅家族中唯一生活在热带沙漠中的陆地企鹅，它们大多数生活在哪些国家？

加拉帕戈斯企鹅

　　大多数企鹅以南极洲为中心，分布在南半球各座岛屿或者国家，但企鹅家族中有个别种族来到了赤道附近，这是比非洲企鹅还怕冷的种群，它是唯一分布在赤道附近的，也是唯一出现在北半球的企鹅，它就是加拉帕戈斯企鹅。

外部特征

　　加拉帕戈斯企鹅又称为南美企鹅、加岛环企鹅、科隆企鹅、阿拉巴戈企鹅。它们是环企鹅属家族中最小的成员，身高为 44 ~ 53 厘米，体重为 1.7 ~ 2.6 千克。加拉帕戈斯企鹅头部呈黑色，带有白色印记，眼睛为粉红色，白色条带从眼睛上方向前、向后、向下延伸至颈部。背部为黑色，一道灰黑色条纹从胸前穿过。腹部为白色，还夹杂着一些黑色羽毛形成的斑点。鳍脚长约 10 厘米，裸露的皮肤为粉红色，底部有淡淡的黄色。

天敌

　　加拉帕戈斯企鹅有许多天敌。它们小时候有可能被老鼠、蛇和螃蟹捕食。等它们长大了，也有可能遭到鹰或猫头鹰的伤害。在陆地上，野猫和野狗也可能要了它们的命。在海洋里，加拉帕戈斯企鹅也不安全，它们可能会被鲨鱼等大型海洋动物袭击。

🌀 海洋万花筒

　　加拉帕戈斯企鹅生活在炎热的地方，如何散热是它们必须面对的问题。这类企鹅经常待在水中，借此来降低体温。它们上岸后，也会缩起身子，减少被阳光照射的体积。同时，它们还会通过急促的呼吸，把热量排出身体。

生存环境

　　加拉帕戈斯企鹅之所以栖息在赤道附近，是由于科隆群岛西部的水域清凉且营养丰富。当海水水平面上升时，就会带来丰富的食物资源。加拉帕戈斯企鹅通常会将巢穴建在海滩多沙、多岩石的地方。加拉帕戈斯企鹅全年繁殖，会在巢穴附近的海域寻找食物；在非繁殖季节，它们会从繁殖地开始迁徙，最远会迁徙到距离巢穴 64 千米处。

　　加拉帕戈斯企鹅和其猎物之间的生态关系与上升流的频率和强度密切相关，这使该种群的数量难以估计。也就是说，加拉帕戈斯企鹅的食物数量和质量是根据上升流变化而变化的，这也直接或者间接地影响了该企鹅种群的数量。

分布的地理位置

加拉帕戈斯企鹅是唯一生活在赤道附近，同时也是唯一涉足北半球的企鹅。

加拉帕戈斯企鹅栖息于科隆群岛上，主要的繁殖地为圣地亚哥岛、伊莎贝拉岛、费尔南迪纳岛、圣玛丽亚岛以及数座近海小岛。2015年，人们发现在费尔南迪纳岛和伊莎贝拉岛上活动的加拉帕戈斯企鹅约占其全部数量的95%。它们主要的繁殖范围顺着两座最西端的岛屿的海岸延伸，涵盖的海岸线大约为400千米。人们发现该地区的加拉帕戈斯企鹅的巢穴占据总巢穴的96%。

🔬 海洋万花筒

加拉帕戈斯企鹅生活的地方温度比较高，有时甚至能达到40℃。海里的温度比陆地上的温度更低一些，但也达到14～29℃。加拉帕戈斯企鹅只能趁水温比较低的时候，潜入水中寻找食物，这也是加拉帕戈斯企鹅身为热带企鹅的标志之一。

繁殖过程

由于栖息地附近的海水足够冷且食物丰富，加拉帕戈斯企鹅可全年繁殖，它们一年繁殖 2 ~ 3 次，每次产下两枚蛋。其中，5—7 月是一年之中最好的繁殖期。在产蛋之前，加拉帕戈斯企鹅会在洞穴或者火山形成的洞中搭好巢穴。孵化期为 38 ~ 42 天，当一方孵化时，另外一方则到沿海水域寻找食物。幼崽出生后60 天能活动，3 ~ 6 个月就不用父母的照料，能独立了。雌性加拉帕戈斯企鹅需要 3 ~ 4 年才能达到性成熟，而雄性加拉帕戈斯企鹅则需要 4 ~ 6 年。

生活在赤道附近的原因

在克伦威尔洋流和秘鲁寒流的共同作用下，科隆群岛的气温远远比赤道的其他地区要低，因此，加拉帕戈斯企鹅才能在赤道附近生存。

濒危原因

根据有关组织和部门的调查统计，加拉帕戈斯企鹅的现存数量为 1000 只左右，属于濒危物种。其中既有自然原因，也有人为原因。先说说自然原因，在 ENSO 的影响下，浅滩鱼类锐减，食物减少，导致加拉帕戈斯企鹅的数量大幅度下降。人为原因首先是当地渔业的发展，限制并减少了它们的食物来源；其次是漏油污染现象的发生，导致加拉帕戈斯企鹅数量减少。

上海嵊泗县贻贝养殖基地于2月收获，成为渔家新景。

海洋万花筒

ENSO，即厄尔尼诺与南方涛动的合称，指发生于赤道东太平洋地区的风场和海面温度的震荡。ENSO 是低纬度的海洋和大气相互作用的现象，在海洋方面表现为厄尔尼诺－拉尼娜的转变，在大气方面表现为南方涛动。

开动脑筋

1. 加拉帕戈斯企鹅生活的区域在哪里？
2. 加拉帕戈斯企鹅的天敌有哪些？

Part 6
企鹅的敌人

企鹅憨态可掬的外表十分招人喜爱，但是对那些饥肠辘辘的猎食者来说，企鹅无疑是可口的美味。海豹是企鹅天生的敌人，它们也同样生活在企鹅聚集的地区。海豹有出色的游泳本领，给企鹅造成了很大的威胁。企鹅的敌人还有虎鲸、海狮、贼鸥等。

企鹅的天敌

　　企鹅可以说是地球上最可爱、最招人喜欢的动物之一。作为不会飞，但是擅长游泳的鸟类，企鹅可以说是一种独特的生物。企鹅既然生活在地球这个大家庭中，自然不可能独立而存在，在它们欢快地享受"美味"的时候，同样也会成为其他生物的"美味"，下面就来了解一下企鹅有哪些天敌吧。

海豹

　　海豹是企鹅最大的天敌。全球共有18种海豹，最小的海豹是贝加尔海豹，体长0.6～1米，体重约45千克；最大的海豹是南象海豹，雄兽体长达6米，体重为4吨，雌兽也有3.5米，体重为1吨。南极地区有4种海豹，北极地区则有7种，且南极海豹数量最多，对企鹅危害最大的是豹海豹。

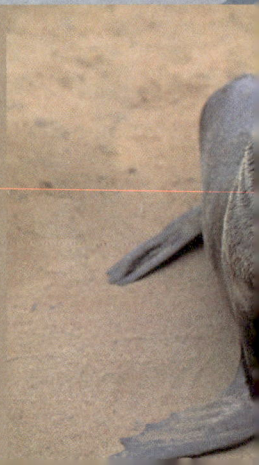

豹海豹

豹海豹体长 3 ～ 4 米，体重 300 ～ 500 千克，成年豹海豹头部巨大，像爬行类，有又大又深的颚，且下颌强壮，能够大幅度张合。它们在陆地上行动缓慢，但在水中动作敏捷，以前鳍状肢游动。它们的牙齿锋利，是南极最凶猛的捕食者之一和目前已知的唯一一种积极捕食其他海豹的海豹物种，处于南极食物链的顶端。

根据统计，一只豹海豹一天能吃掉超过 15 只企鹅，其中较弱或者生病的企鹅最容易被吃掉。只要发现有企鹅下水，豹海豹就会敏捷地游过去捕食。除了企鹅外，它们的食物还包括小海豹、磷虾、鱼、乌贼、海鸟、甲壳动物，偶尔会食用鲸的尸体。虎鲸是它们唯一的天敌。其踪迹遍布整个南极大陆边缘，远到南美洲及大洋洲的亚南极浮冰岛屿。

虎鲸

　　虎鲸是海豚科中体型最大的物种。成年雄性虎鲸体长约 8 米，最大能达到 9.75 米，体重约为 5.5 吨。雌性虎鲸平均体长为 7 米，最大能达到 8.5 米，体重约为 3.8 吨。它们的头部呈圆锥状，背部中央有一个大而高耸的鳍，胸鳍大而宽阔，近乎圆形。上颚和下颚各有 10 ～ 14 对尖锐的牙齿，体色主要为黑白色，背部为漆黑色，在背鳍后方有呈灰白色的马鞍状斑纹。两只眼睛后各有一块椭圆形白斑，腹部大部分都为白色。

　　虎鲸是大型肉食性动物，性情十分凶猛，善于进攻，以海豹、海豚和企鹅为食，偶尔还会对其他鲸类和大白鲨发起攻击，可以说是海中的霸王。它们几乎出没于从赤道到极地的所有海域。

　　在捕食企鹅方面，由于企鹅游泳速度快，虎鲸就选择了群体作战，将企鹅团团围住，然后将它吃掉。

南极贼鸥

南极贼鸥的体长约为 55 厘米，外形像海鸥。羽毛为淡褐色，翅膀上有白斑。粗嘴喙黑得发亮，圆眼睛。贼鸥是唯一一种在南极和北极都繁殖的鸟类。听其名，就知道它惯于偷盗，有人将其称作空中强盗。

南极贼鸥好吃懒做，从来不自己筑巢，而是习惯抢占其他鸟类的巢穴，驱散其他鸟类的家庭。有时，霸道的它们会从其他鸟兽口中抢夺食物。只要肚子填饱了，就蹲着不动，开启休息模式。

南极贼鸥是企鹅的天敌。一到企鹅的繁殖季节，南极贼鸥就会趁企鹅不注意，叼走或吃掉企鹅的蛋或幼崽，让企鹅不得安宁。

海狮

海狮的体长在 2 米之内，体毛呈黄褐色，背部毛色较浅，胸部和腹部颜色深，有的种类颈部有长毛，类似狮子的鬃毛，所以得名海狮。它们喜欢集群活动，主要分布在北太平洋的寒温带海域，吃鱼类、磷虾、乌贼、海蜇、蛤蜊，在饥饿的时候也会吃企鹅，一般是整个吞下去，而不加以咀嚼。

鸬鹚

　　鸬鹚是一种中型到大型的海鸟，又叫鱼鹰、水老鸦。它们善于潜水，主要生活在海滨、湖泊中，广泛栖息于全球的海洋和内陆水域，温热带水域居多。其擅长潜水捕食，多以鱼类为主，偶尔会偷吃其他鸟类的蛋，如生活在澳大利亚和新西兰等地的鸬鹚多以企鹅蛋为食。

美洲狮

　　美洲狮是美洲金猫属的动物，又叫山狮、美洲金猫、扑马。它们的大小和花豹差不多，雄性美洲狮体重通常为36～120千克，雌性美洲狮体重为29～64千克，是猫亚科中最大的物种。它们的视觉、听觉和嗅觉都十分发达，爪子锋利。美洲狮主要生活在美洲，是肉食动物，主要吃兔子、鹿、羊等野生动物，还会捕食企鹅。

海鸥

海鸥是一种中等体型的海鸟，体长 45～51 厘米，体重为 394～586 克，为候鸟，主要在欧洲、亚洲至阿拉斯加及北美洲西部活动。到了繁殖季节，它们喜欢栖息在荒漠、湖泊、河流、水塘和沼泽处，冬天则栖息在海岸、河口和港湾。它们平时吃海滨小鱼、昆虫、软体动物、甲壳类以及耕地里的蠕虫和蝤蟮，还会猎食企鹅的幼崽和蛋。

🔬 海洋万花筒

南极贼鸥是一种凶猛的鸟类，它们不但袭击海豹的幼崽，甚至敢攻击南极的科考队员，抢夺他们手里的快餐。这么凶猛的动物，自然也会攻击企鹅。它们或是攻击小企鹅、抢夺企鹅蛋，或是组团袭击成年企鹅。

💡 开动脑筋

对企鹅来说，主要的天敌有哪些？

人类与企鹅

　　人类作为高级动物，不能为了内心的贪念去图害生灵。我们要从小做起，学会保护大自然，保护动物，因为地球是一个多元化的大家庭，保护自然生态，其实就是在保护人类自己。

人类贪念导致企鹅濒临灭绝

　　20 世纪 20 年代，栖息在非洲各国的非洲企鹅有 100 多万对，而到了 20 世纪 50 年代，非洲企鹅只剩下 14.7 万对。到了 2009 年，该种群企鹅锐减到 2.5 万对，并且，这一下降趋势还在持续。

　　近 10 年间，人类在南非开普敦北部海域大量捕捉沙丁鱼，严重影响了非洲企鹅的生存环境，导致非洲企鹅的数量锐减，可以说到了濒临灭绝的地步。南非政府极度重视，开始着手制订挽救非洲企鹅的计划。计划措施如下：保护非洲企鹅栖息地不受干扰，确保非洲企鹅拥有丰富的食物来源以及在靠近渔场附近建立新的养殖场。

生存压力

　　除了非洲企鹅外，帝企鹅、王企鹅等的数量也在锐减，造成它们数量锐减的原因有：首先，人类活动造成的温室效应导致气候环境改变，使企鹅繁殖和捕食场所被改变；其次，人类的过度捕捞影响了企鹅的觅食；再次，人类大量掠取企鹅产下的蛋，将其当成一种美味；最后，海水被污染，导致企鹅的生存环境遭到破坏。

知道感恩的企鹅

2011年，一只因被海上泄漏的石油沾满全身而濒临死亡的小麦哲伦企鹅被一位打鱼的老人捡到。在老人的精心照顾下，小企鹅活过来了。在确认小企鹅完全恢复后，老人打算把它送回大海里，可是，不管老人怎样轰赶，它都不走。就这样，他和这只小企鹅生活了一年。突然有一天，小企鹅不见了，老人既着急又伤心，可是等到第二年的6月，小企鹅突然又回来了，并用带着海腥味的嘴巴亲吻老人，黏着老人不放开。

此后的5年里，小企鹅每年都是6月来，第二年的2月走，周而复返。有专家做过研究：麦哲伦企鹅的聚集地在南美洲的南端，距离老人居住的地方约8000千米。它一路上要经历生病、天敌的捕杀，还要克服疲劳。它的信念只有一个，那就是回到老人的身边，看看自己的恩人。

人类和企鹅的初次见面

　　1488年，葡萄牙水手在南非好望角发现了非洲企鹅。1520年，麦哲伦船队在南美洲的巴塔哥尼亚地区发现了麦哲伦企鹅；1781年，德国人约翰·雷茵霍尔德·福斯特在澳大利亚南部发现了小蓝企鹅。在企鹅眼中，人类就是直立行走的两足兽，它们对人类毫无戒备之心，甚至还好奇地凑上去，憨乎乎的，十分可爱。

🌼 海洋万花筒

　　人类对企鹅的祖先到底会不会飞，一直都有很多猜测。1981年，日本发现了一种类似企鹅的海鸟化石。这种不会飞的海鸟生活在3000万年前，它们可能是企鹅的祖先。近年来，科学家又研究了北半球海鸦的化石，这也是一种不会飞的鸟。科学家发现，它的骨骼和企鹅的骨骼有很多相似之处。至于真相如何，还需要等待科学家们形成一致的结论。

Part 6 企 鹅 的 敌 人

企鹅的叫声

2020 年 2 月 6 日，据美国有线电视新闻网（CNN）报道，意大利有一组研究人员发现，非洲企鹅在使用和人类相同的语言模式—这是首次在灵长类动物以外的动物身上发现的"令人信服的证据"。

研究小组记录了 590 只企鹅的叫声，通过研究发现，该声音序列中包含了 3 个不同长度的音节，使用频率最高的是"单词"或单个的字，要知道再长的音节也是由一个个短小的音节组成的，比如，一段英文就是由很多单词组成的，一句话也是由很多字组成的。这篇发表在《生物学快报》杂志上的文章称，这两条分别被称为齐普夫定律和门泽拉斯－阿尔特曼定律的语言定律是大多数人类语言所共有的。

企鹅化石

2019 年，考古学家在新西兰坎特伯雷的 Waipara 镇发现了一种企鹅化石，名为克罗斯瓦利亚·威帕朗西斯。它的身高约为 1.6 米，重达 80 千克，体型堪比一个成年人。根据推测，在 6600 万 ~ 5600 万年前的古新世，它在古新西兰周围靠捕猎水生动物为生。人类还在这个地方发现了巨大的鹦鹉、巨鹰、恐鸟、蝙蝠以及其他 5 种企鹅化石。

⚛ 海洋万花筒

世界上最大的企鹅化石发现于新西兰南岛东海岸，它距今约 5700 万年，被称为福氏巨怪企鹅，它的体重达 154 千克，是帝企鹅的 3 倍。

💡 开动脑筋

人类该如何保护企鹅，试着说说自己的想法。

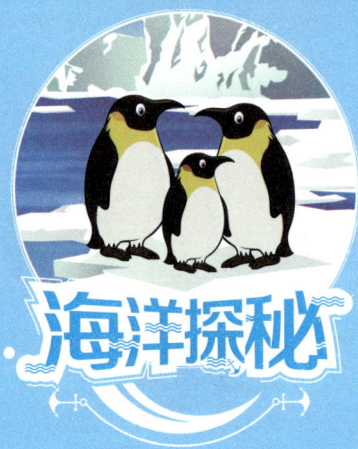

海洋探秘

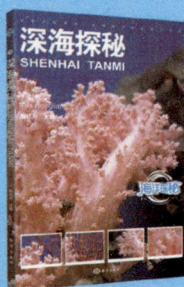

深海探秘
SHENHAI TANMI

企鹅探秘
QI'E TANMI

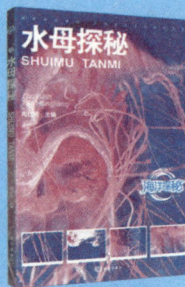

水母探秘
SHUIMU TANMI

台风探秘
TAIFENG TANMI

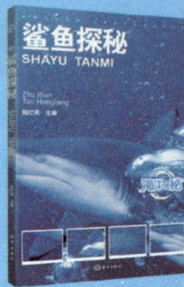

鲨鱼探秘
SHAYU TANMI

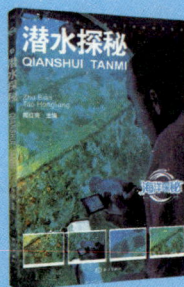

潜水探秘
QIANSHUI TANMI

极地探秘
JIDI TANMI

章鱼探秘
ZHANGYU TANMI

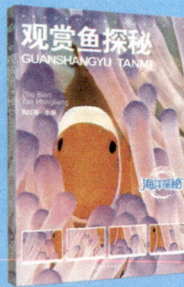

观赏鱼探秘
GUANSHANGYU TANMI

鲸探秘
JING TANMI